TRAITÉ

DES BOIS ET FORÊTS.

IMPRIMERIE DE E. DUVERGER
RUE DE VERNEUIL., N° 4

TRAITE

DES

BOIS ET FORÊTS,

FAISANT SUITE AU

TRAITÉ DE CULTURE RURALE,

PAR **LÉOCADE DELPIERRE**.

A PARIS,

A LA LIBRAIRIE SCIENTIFIQUE
ET INDUSTRIELLE,

PASSAGE DAUPHINE.

1829.

PRÉFACE.

L'AGRICULTURE a toujours fixé les regards de la plupart des citoyens qui se sont occupés du bien public ; jamais, dans les siècles où elle a été le plus négligée et le moins considérée, on n'a pu se dissimuler entièrement qu'elle ne fût la source de la prospérité publique. Toute nation que de bonnes lois portent à cultiver l'art agricole, parviendra promptement, par les riches échanges avec les sociétés étrangères qu'il lui procurera, et par l'aisance qu'il donnera au peuple en lui fournissant du travail, à remédier aux désastres qu'elle peut éprouver. Au contraire, n'a-t-elle point d'agriculture, ou ses lois et ses mœurs la portent-elles à la négliger ? ses maux politiques de tout genre deviennent sans remède, et bientôt elle tombe dans une

sorte de léthargie qui annonce infailliblement la mort du corps social.

Les améliorations dans la culture rurale ont été, en France, très remarqua-
bles depuis une soixantaine d'années; et si
des surcharges en finance n'y épuisaient
pas l'administration de l'Etat, et surtout
si les lois constitutionnelles s'y amélio-
raient ou s'y consolidaient, on ne pourrait assigner le point de prospérité auquel
elles nous feraient parvenir. La culture
forestière n'a pas autant fixé l'attention
des praticiens, sans doute parce que le
bois jusqu'alors a pu suffire abondamment à la consommation, sans être payé,
quoique toujours en hausse, un prix
supérieur à celui du produit des autres
terrains. Cependant, dans le siècle dernier, de savans écrivains, Réaumur, Buffon, Duhamel, etc., ont publié sur l'exploitation des forêts d'excellens principes:
néanmoins celui propre à déterminer le
moment le plus avantageux d'abattre les
bois sans nuire à leur reproduction est
encore, ce nous semble, à développer.

C'est bien d'examiner le temps où l'abattage des bois peut être le plus profitable ; mais il faut faire entrer dans son examen celui de la conservation du plant, et c'est dans l'oubli de cette marche que nous trouvons le défaut de tous nos prédécesseurs dans le traité des forêts.

Nous avons, dans notre jeunesse, travaillé dans les bois ; et quoique ce fût comme bûcheron, nous croyons pourtant y avoir acquis des connaissances pratiques sur le mérite de leur exploitation. La ferme volonté de nous rendre plus utile à la société nous ayant depuis porté à nous donner quelque instruction, plus nous avons exploité de bois, plus nous avons réfléchi sur le régime des forêts, plus nous avons trouvé que nos premières idées pouvaient mériter d'être développées. Cependant, lorsque nous considérons le mérite des auteurs d'après lesquels nous écrivons, nous ne pouvons pas être rassuré sur celui de nos connaissances ; et ce n'est que dans l'espoir de trouver en nos lecteurs de l'indulgence , que nous nous sommes déterminé à publier notre *Traité sur les Bois*. Heureux s'il pouvait renfermer succinctement tous les principes essentiels du sujet, et remplir la lacune que, faute d'une longue pratique personnelle, peuvent y avoir laissée de célèbres auteurs : nous croirions avoir payé, comme zélé citoyen, notre dette à la patrie, et mérité une mention honorable à la suite de tous ceux qui ont consacré leurs veilles pour étendre la sphère de ses lumières, perfectionner sa morale et développer son industrie.

TRAITÉ
DES BOIS ET FORÊTS.

CHAPITRE PREMIER.

Considérations générales sur les Bois et Forêts.

Aucun des élémens sur lesquels repose l'état social ne mérite mieux sans doute de fixer l'attention des législateurs, des philosophes, et de toutes les personnes qui s'occupent de l'intérêt public, que les bois et forêts : ils sont d'une absolue nécessité ; sans eux aucune nation ne peut exister convenablement ; ils sont la source de toute industrie et de tout commerce, et ils sont aussi agréables qu'ils sont utiles : ils offrent la chasse pour occuper les loisirs du riche ; ils forment un abri salutaire au pays contre les vents et les froids de l'hiver; ils sont le refuge de tous les oiseaux qui embellissent et animent la nature : ils font de la campagne , par le beau coup d'œil de leur perspective , et par leur délicieux ombrage contre les ardeurs du soleil , un séjour enchanteur. Or les alarmes qui ont été causées au sujet de leurs destructions partielles, quoiqu'elles n'aient été souvent que spécieuses , sont très excusables : elles méritent même de la reconnaissance : néanmoins elles n'ont pas une cause dont l'influence funeste puisse se faire sentir aussi prochainement qu'on s'est plu à le croire.

La nature abandonnée à elle-même produit des individus , et notamment des végétaux dont les espèces peuvent le mieux convenir au climat et au sol : mais comme tout , chez elle, est soumis à la loi du plus fort , et que les faibles y sont plus comprimés que les autres, les grands arbres sont , parmi les plantes , ceux qui se sont emparés des plus riches terrains en fait de végétation , et ils y existent autant dire impérieusement. Aussi les pays sauvages où le sol est très végétatif, sont-ils couverts de forêts majestueuses. La civilisation humaine s'étend-elle jusque dans ces lieux, elle ne peut qu'y renverser les arbres qu'elle y trouve, et en détruire jusqu'aux moindres traces, partout où les terres sont propres à des cultures, dont le besoin est bien plus impérieux que celui des bois qui dépassent encore de beaucoup la consommation qu'elle en peut faire, et dont elle peut jouir encore avec presque autant de facilité que de puiser de l'eau dans une rivière.

Le terrain cultivé par l'homme acquiert de la valeur, comme toute autre chose, en raison de son utilité : les bois cessent-ils d'être en surabondance, ils en acquièrent egalement: c'est alors qu'on leur porte des soins, qu'on s'occupe de leur culture et de leur exploitation, et que leur produit se met dans un rapport d'équilibre avec celui des autres plantes qui peuvent aussi satisfaire aux besoins réels ou agréables des citoyens. Toute forêt qui ne peut prendre, faute de débit de ces produits, une valeur égale à celle des autres terrains productifs, sera donc, si elle pousse sur un sol très cultivable, défrichée dès que la société éprouvera le besoin, pour sa subsistance, de soumettre à d'autres cultures le riche terrain qu'elle occupe inutilement.

Montesquieu a cru pouvoir avancer que la Gaule était très peuplée, et beaucoup plus que la France ne l'était de son temps ; plusieurs historiens prétendent aussi qu'elle était remplie de forêts dont on croit devoir déplorer la destruction ; mais ces deux faits seraient contradictoires : si l'un est vrai, l'autre est nécessairement erroné. En effet partout où il se trouvera une grande population, l'agriculture s'emparera de tous les terrains pour les labourer, et pour en obtenir des plantes alimentaires nécessaires à la vie du peuple, ou pour en faire des pacages et des prairies convenables à la nourriture des bestiaux, et elle ne conservera des bois que pour ses besoins indispensables.

Il y avait sans doute beaucoup de forêts dans les Gaules, puisqu'il y en avait beaucoup en France dans le moyen-âge qui n'était guère éloigné de l'existence de la nation gauloise : c'est un fait constaté par divers ouvrages sur l'agriculture, et même par les débris de futaies qui existent encore, ou qui ont été vus par nos pères. Il est également démontré que si nos provinces populeuses à bonne culture rurale, ont été dégarnies de forêts, il en est d'autres qui en contiennent beaucoup plus aujourd'hui que dans les temps anciens. Il y avait dans les Bituriges (ancien Berri) des vignobles immenses où l'on ramassait, pour en débarrasser les vignes, comme on le fait encore aujourd'hui, les pierres calcaires, et les amoncellemens de ces pierrailles se trouvent maintenant au milieu des bois. On trouve aussi parmi ces mêmes bois, et quelquefois au milieu des marais et des étangs, des ruines de métairies, de châteaux, et d'autres vastes habitations. La population, comme l'a pensé Montesquieu, mais en généralisant trop son opinion qu'il a étendue à toute la France, a donc décru dans divers lieux, notamment dans les Bituriges, et les végétaux forestiers s'y sont étendus et multipliés.

Dans un pays très habité par les hommes, et couvert nécessairement des bestiaux qu'ils élèvent, il est impossible qu'il y croisse naturellement de nouvelles forêts, parce que la pousse des graines y serait dévorée ou détruite aussitôt sa naissance : mais dans un pays où la population de l'homme décroît, il ne faut pas autant de temps, pour produire des

des bois, qu'on veut bien le penser généralement. Si l'homme n'est pas le plus
fort, pour faire produire à son gré la nature, il est bientôt vaincu par elle, et
elle se dirige à sa fantaisie.

Le système féodal en France y a con-
centré les produits agricoles dans chaque
province. Tout grand vassal n'a rien
voulu laisser sortir de son pays pour ne
point protéger les autres : de plus les
chemins, sans réparation, sont devenus
partout presque impraticables : or, faute
d'exploitation des produits agricoles,
faute d'en pouvoir trouver le débit, le découragement a été extrême parmi les
cultivateurs, et les guerres cruelles que
les seigneurs se sont faites, surtout au
centre de la France, pendant plusieurs
siècles, ont achevé de dévaster ce que le
découragement et la servitude n'avaient
point fait abandonner. On y est devenu
à demi nomades, parce que l'éducation
de quelques bestiaux était ce qu'il y avait
de plus facile à faire soigner par des es-
claves, à faire voyager, et de plus toléré
dans la contrebande. Pour avoir plus
d'herbages, pour favoriser le système d'é-
conomie rurale auquel on s'était restreint,

enfin pour proportionner la culture au besoin de la localité et de la population du pays, on a limité l'étendue des terres qu'on y consacrait. Une méthode d'assolement des plus vicieuses s'est établie : la moitié des terres labourables, et souvent plus, est restée en jachères pendant trois et quatre ans, et maintes fois pendant un espace beaucoup plus long : plus les terres se sont trouvées être de bonne qualité, plus les épines, les arbrisseaux, les arbustes et autres accrues sont venus couvrir les jachères. L'époque était-elle revenue de remettre les terres en culture ? Le laboureur armé d'une mauvaise charrue, garnie d'une pointe de fer pour soc, ne pouvant, par ce moyen, y détruire les végétaux parasites, a fini par abandonner, et laisser en pâturage de proche en proche, presque toutes celles où la végétation avait le plus de force. Cependant les oiseaux, et les vents qui portaient, dans ces champs abandonnés par la culture, et remplis d'épines, des glands et d'autres graines d'arbres, les ont en définitive plantés en bois : c'est pourquoi on en trouve beaucoup dans le Berri, et dans d'autres cantons des départemens environnans, sur les meilleurs sols. J'avais trouvé, sur le plan d'une terre que j'ai régie, dans ce pays, un champ indiqué comme excellent pour la culture rurale; je le cherchai en vain, pendant quelque temps, parmi les guérets; enfin je le demandai à un vieillard; il me conduisit sur le lieu, et je fus bien étonné de le voir tout garni de bois essence de chêne : nonobstant mon conducteur m'assura qu'il l'avait cultivé avec son père dans sa jeunesse, et qu'il y avait récolté de beau blé. Je fis bientôt recéper le bois qui avait crû dans ce champ, et il y forme aujourd'hui un des plus beaux taillis qu'on puisse voir.

Dès le quinzième siècle Bernard-Palissy avait déploré la destruction d'une partie des forêts, et les auteurs forestiers postérieurs ont presque tous manifesté les mêmes sentimens. Il suffit que la société ait besoin d'un produit qu'on voit s'épuiser, pour penser qu'elle en manquera bientôt. Il en a été de même relativement à toutes les productions agricoles. La plantation des vignes, occupant les champs de la culture rurale, a fait craindre de manquer de blé, et les vai-

nes déclamations de cette crainte, répan-
dues dans la société, surtout dans les
temps de disette, ont alarmé plusieurs
fois les gouvernemens; et on a vu celui
de Charles IX ordonner la destruction de
beaucoup de vignes, et ruiner inconsidérément la propriété des citoyens. On
peut ajouter que le bien-être d'un pays
veut qu'il n'y ait point trop de forêts, parce
qu'elles ne sont pas favorables à la population : trente hectares en bois occupent
moins d'ouvriers qu'un hectare en vigne.

Si on doit louer le gouvernement
d'intervenir dans la régie des forêts, ce
n'est que sous le rapport du bois de
construction; car les producteurs sauront toujours alimenter le pays de bois
de chauffage, parce qu'il ne met pas à
croître un temps assez long, comme
nous le démontrerons à son lieu, pour
les en écarter. Quant au bois de charpente et de construction, il croît si lentement qu'on peut craindre que les propriétaires, poussés par le besoin et le
désir de la jouissance, ne laissent à son
égard, pour l'avenir, la nation au dé-
pourvu. Les anciens gouvernemens
comme les modernes en ont ordonné

le régime, et César avait dû juger l'administration des forêts comme d'une bien haute importance, puisqu'il s'en était fait le chef ostensible.

En fait de combustible, il est des objets dont la destruction devrait bien plus alarmer les nations que celle des bois, parce que ne se reproduisant pas, la jouissance que nous en avons doit avoir un terme, tandis que celle des taillis n'en a pas, puisqu'ils peuvent se régénérer. La tourbe, par les siècles nombreux et les marais qu'il lui faut pour se former, peut être considérée comme étant dans le cas de disparaître, et le charbon de terre l'est encore avec plus de certitude. Si on en croit plusieurs savans en économie politique, on pourrait déjà assigner le temps où l'Angleterre en manquera. La France passe pour avoir, surtout dans le midi, et notamment du côté d'Avignon, des mines de houille encore intactes et immenses. Mais enfin on les attaquera, et si le ciel, comme on doit l'espérer, continue de protéger la nation, elle doit un jour parvenir aussi à les épuiser. S'il n'y avait point d'autres combustibles, le monde, que certains prophètes ont menacé de devoir s'anéantir par le feu, périrait au contraire par le défaut de matières propres à s'en procurer.

La révolution française a causé des désastres de toute espèce dans les bois, et ces désastres ont paru d'autant plus effrayans aux yeux des citoyens conservateurs, qu'il n'y eut point de localité qui n'en ait été témoin. Le haut prix du blé, causé par l'énorme consommation qu'en ont faite les armées, la baisse de celui du bois, amenée par l'abat des parcs attachés aux châteaux, ont porté à arracher des taillis et des futaies dans plusieurs cantons, afin de les transformer en culture rurale qui était devenue, de toutes les branches agricoles, la plus profitable. Les arbres des places et des chemins publics disparurent aussi de toute part, parce que ceux à qui la loi les accordait, ou les faisait vendre à vil prix, étaient ou dans des positions nécessiteuses ou dominés par la crainte qu'une nouvelle loi ne leur enlevât ce qu'une première leur avait donné inconsidérément. Néanmoins il ne faut pas accuser exclusivement d'injustice les législateurs du temps, mais on peut les taxer d'inexpérience. La plupart n'eurent que le désir de faire respecter le droit de propriété en affranchissant les bois des entraves de l'administration forestière, parce qu'ils les croyaient le résultat du despotisme de l'ancien gouvernement qui venait d'être renversé. En croyant corriger des abus ils en firent naître de bien plus graves. Il fallut donc en revenir au régime prescrit par l'ordonnance de Louis XIV, même modifiée par des lois sévères. Cependant le mal que la révolution a causé dans les bois n'a pas été aussi loin qu'on s'est plu à le publier. Nous ne croyons pas que la destruction qui en a été faite, à cette désastreuse époque, se soit étendue au-delà du quarantième de ce que la France en possède encore aujourd'hui.

Après avoir protégé la production de la futaie et de la charpente, c'est contre la dent meurtrière des bestiaux, et contre l'abus des usagers que la loi doit défendre les bois et forêts. En effet ce sont, en France, les animaux domestiques, et le fauve et le gibier, qui ont, à peu de chose près, causé tout le déficit qu'on y peut trouver.

Si on en croit l'ingénieur Plinguet, la forêt d'Orléans contenait, en 1671, cent vingt-un mille arpens d'ordonnance; en 1721 elle n'en contenait plus que quatre-vingt-neuf mille, et il est constant que cet énorme et effrayant déficit, dans un laps de temps seulement de cinquante années, est dû, moins à un aménagement trop long de futaie, qu'au droit de pâturage dont jouissaient quarante-huit communes environnantes. La même remarque s'applique plus ou moins à presque toutes les forêts du royaume, et la preuve que leur déficit provient en grande partie de la dent des bestiaux, c'est que leur diminution en étendue s'est toujours faite dans leurs contours, et aux lieux qui étaient les plus à la portée des communes.

Les droits de pâturage, de paisson, de glandée, de mort-bois et autres ont été accordés dans les temps où les forêts étaient sans valeur, ou au moins lorsqu'elles en avaient très peu. Le motif était d'en utiliser le sol, et sous ce rapport, étant d'utilité publique, il n'était pas blâmable. Le plus grand nombre de ces droits d'usage ont sans doute été concédés par les seigneurs, afin d'attirer de la population dans leurs communes, et l'imprévoyance des donateurs ne leur a point suggéré l'idée de conserver à leurs successeurs le pouvoir de les révoquer. Enfin quelle qu'en soit l'origine, l'usage en devient de plus en plus contraire à l'intérêt public, et il faut l'autorité des lois, non pour le restreindre, mais pour l'anéantir.

Le pâturage, dans les bois, nuisible à la culture forestière, a-t-il été au moins utile à la culture rurale? Cette question, qui semble ne devoir se résoudre que d'une manière affirmative, a néanmoins eu des résultats différens. Pourquoi les communes qui en ont eu la jouissance sont-elles, en général, les plus mal cultivés, et celles où les bestiaux sont de la plus chétive espèce? Les herbes dans les bois, poussant trop à l'ombre, sont de médiocre qualité, et si elles entrent exclusivement dans la nourriture des bestiaux, elles les nourrissent mal. Qu'on compare les espèces rabougries de vaches et de chevaux des Ardennes, du Luxembourg, de la Brenne en Berri, et d'autres lieux où les bois et bruyères servent seuls de pâturage, avec celles des provinces environnantes où la culture rurale fournit la nourriture des bestiaux, on sera bientôt convaincu de cette vérité. Nul doute que, comme supplément, les herbes des bois devraient augmenter les ressources des communes pour nourrir les bestiaux: car quelque médiocres qu'elles soient, c'est toujours une addition : mais les droits de pâturage, dans les bois, ont été accordés dans des temps sans industrie, et les usagers se sont contentés des faibles ressources qu'ils leur offraient. Celles-ci ont nourri leur paresse, et elles les ont plongés dans l'apathie : ce qui n'est pas moins vrai, c'est qu'elles ont contribué à les démoraliser : le pâturage ne leur procurant pas toujours un produit de bestiaux proportionné à leurs besoins, ils se sont livrés au maraudage, au pillage des forêts et au braconnage. En général, il n'y a point de communes qui jettent dans la société, pour la désoler, autant de voleurs, d'incendiaires et d'assassins que celles qui approchent des forêts, et que celles surtout qui y possèdent des droits d'usage.

Le pâturage dans les bois n'a produit que de chétifs bestiaux : en a-t-il au moins fait augmenter le nombre ? Ce résultat n'a pas même été obtenu, parce qu'un seul hectare de terre, dont il fait négliger la culture, aurait donné plus d'herbe et de meilleure qualité que vingt où la production végétale est abandonnée au seul soin de la nature. Les quarante-huit communes déjà mentionnées, usagères dans la forêt d'Orléans, contenaient ensemble, en 1676, un nombre de six mille feux : elles possédaient dix-sept mille chétives bêtes à corne de tout âge, deux mille sept cents chevalines, et trente mille moutons : c'était donc pour chacune environ trois cents aumailles, cinquante-six chevalines et six cents bêtes à laine. Que de communes dans la Brie, dans la Picardie, et dans d'autres provinces à bonne culture de céréales, sans aucun secours de pâturage étranger aux terres de leurs fermes, possèdent, pour alimenter abondamment leurs laiteries, au moins un aussi grand nombre de vaches que ces quarante-huit communes, un nombre triple de forts chevaux, et une quantité presque décuple d'ovines de belle race tant sous le rapport de la viande que sous celui du poids et de la finesse des toisons !

La ville d'Orléans, il est probable, aurait été bien mal approvisonnée, si elle n'avait dû compter, et si elle ne comptait encore que sur ses bêtes à cornes des communes usagères de sa forêt pour alimenter en lait et en beurre ses habitans. Que ce produit est faible partout où les bestiaux tirent leurs seules subsistances des herbages des bois et des brandes ! Je me détermine à affirmer que j'ai vu, quelque incroyable que paraisse cette affirmation, près de trois cents de ces aumailles sur une propriété dans le département de l'Indre, ne pouvoir donner pendant tout un hiver, en supplément de la misérable provision des métayers, trois livres de beurre par semaine pour la cuisine du propriétaire.

Le droit de pâturage des forêts, dans un pays civilisé et populeux comme le nôtre, n'est donc pas d'un vrai secours pour l'agriculture ; il est devenu nuisible à la production du bois, si nécessaire aujourd'hui, et il n'est qu'une source de paresse pour la généralité des habitans qui en ont la jouissance. Ceux qui veulent y trouver de grands avantages sont dans le cas de ces fanatiques qui vantent le bienfait des couvens d'Espagne, parce que ces couvens font des aumônes. La basse classe du peuple espagnol, sûre de pouvoir vivre dans la mendicité, se contente, au lieu de travailler, de gueuser à la porte des moines et de tous les fainéans cloîtrés.

Le troisième paragraphe de l'art. 78 et le second de l'art. 110 du nouveau Code forestier sont donc essentiellement vicieux, puisqu'ils laissent au gouvernement le pouvoir de permettre l'introduction, dans plusieurs bois et forêts, des moutons et des chèvres qui sont de tous les animaux les plus destructeurs. Le prétexte de ce pouvoir est dans l'intérêt de l'agriculture: on suppose que, dans certaine localité, elle peut avoir absolument besoin de cette ressource: le fait est spécieux, et fût-il vrai, l'utilité générale de la conservation des bois ne devait point le faire prendre en considération. Ne peut-il pas se trouver des gens en crédit qui, abusant de leur position, demanderont et obtiendront pour leurs communes ou pour leurs métairies la faveur d'un pâturage qu'ils ne manqueront pas de faire considérer comme indispensable à la prospérité de l'agriculture?

La valeur du bois de chauffage à Paris, dans la dernière moitié du seizième siècle, et dans presque tout le cours du dix-septième avait plutôt diminué qu'augmenté. Car, malgré que l'argent perdît de sa valeur par l'abondance qu'en a fourni l'Amérique, et par la valeur du marc qui a été élevé de quarante livres tournois à cinquante-deux, on vit toujours le bois, avec peu de diminution dans la grandeur de la corde, fixé, pour la voie, au prix d'une vingtaine de francs; néanmoins on y en consommait plus, puisque la ville avait augmenté beaucoup en nombre d'habitans : le bas prix n'était dû qu'à la facilité des arrivages.

Les bois taillis qui étaient à peu de distance de la capitale augmentèrent peu de valeur; mais ceux plus éloignés qui se sont trouvés comme ceux-ci, par les ouvertures de nouvelles routes, pouvoir être transportés en ont acquis, et alors on s'est occupé davantage de leur exploitation. Depuis une trentaine d'années la population qui va en augmentant dans toutes les provinces, le développement de l'industrie, le grand nombre d'usines qui ont le combustible pour moteur de leurs mécaniques, ont fait augmenter singulièrement le prix du bois. Or il est de la plus haute importance de continuer et d'accroître tous les travaux qui peuvent, par la facilité du transport, rapprocher le produit des forêts des lieux de consommation. J'ai vu dans le département de l'Indre, il y a très peu d'années, vendre du bois, à deux francs cinquante centimes la corde de billonnette à charbon qui coûtait de façon la moitié de ce prix, et je connais des bois qui sont encore dans des positions plus défavorables. Que la culture rurale s'améliore, comme elle va le faire infailliblement, dans les pays qui les possèdent, elle ne donnera pas à elle seule assez de valeur à ces bois pour les faire conserver, et la plupart seront arrachés au grand désavantage du reste du royaume, et surtout des provinces qui en sont dépourvues, puisqu'elles seront obligées d'en replanter pour suffire à la plus grande consommation que leurs villes en font chaque année.

La loi sans doute peut s'opposer au défrichement des bois : mais empêchera-t-elle de les faire détruire par le pacage des bestiaux ? Au reste n'y aurait-il pas une injustice révoltante à empêcher un particulier de faire arracher ses bois, quand ils sont pour lui sans valeur ? Peut-on s'opposer à ce qu'il donne à sa terre autant de valeur qu'il en voit prendre à celle de son voisin ? Si vous ne voulez pas qu'il défriche ses taillis, donnez-lui donc des facilités pour en vendre le produit.

Des routes, comme heureusement il s'en établit de toute part, peuvent favoriser la culture rurale ; elles ne sont point suffisantes pour l'exploitation des bois : le transport en est trop lourd, et par conséquent trop dispendieux par le roulage. C'est aux canaux, pour ce qui les concerne, qu'il faut avoir recours. Que la France en ouvre dans toutes les provinces pour qu'elles puissent se communiquer leurs productions, le bois diminuera de valeur au moins d'un quart à

Paris, et dans tous les lieux qui en font une grande consommation, et les taillis prendront partout une valeur locale qui loin de les laisser se détruire les fera s'améliorer: ce qui deviendra aussi avantageux pour la culture rurale que pour la culture forestière; car une production, dans un pays, ne peut y prendre de la valeur, sans y favoriser toutes les autres branches industrielles, puisqu'elle y augmente la masse des capitaux sans lesquels aucune ne peut prospérer.

Quant aux concessions d'usage dans les bois, elles ne sont dues qu'à l'imprévoyance des donateurs. Si on avait cru autrefois que les bois eussent pu acquérir une valeur précieuse, comment eût-on accordé, à chaque particulier d'une commune, le droit d'en pouvoir tirer de la charpente pour la construction et l'entretien de ses bâtimens; de la corde et du fagot pour son chauffage; des échalats et des harts pour soutenir et lier ses vignes et autres objets? Comment n'aurait-on pas vu que tous les abus qui naîtraient de pareilles concessions, détruiraient les forêts ou en rendraient la possession tout-à-fait illusoire?

Dès que les bois eurent une valeur quelconque, les donateurs ou leurs représentans eurent des regrets sur les concessions; ils cherchèrent à restreindre les usages, à les entraver; ils exploitèrent autant qu'il leur fut possible avant que les besoins des usagers pussent se manifester: des mesures violentes furent prises par les parties intéressées pour conserver ou étendre leurs droits réciproques, et les procès qui en résultèrent devinrent pour ainsi dire interminables. La loi s'en servit pour commencer à apporter quelques remèdes aux abus des usages. Au sujet de la charpente et du bois d'ouvrage elle obligea les donateurs de laisser des réserves de futaies proportionnées aux besoins indispensables des concessionnaires qui furent obligés de s'en contenter, et d'en jouir suivant certains réglemens. Au sujet du bois de chauffage elle prit souvent le moyen d'en déterminer la quantité, et de la faire délivrer par arpent ou en cordes, dans les coupes aménagées, en obligeant toutefois les donataires au coût de l'exploitation. Ces arrangemens fortifiés aujourd'hui par l'art. 63 du Code forestier qui laisse au gouvernement le droit de pouvoir obliger les concessionnaires à accepter des cantonnemens, sont autant de moyens auxquels on devra la conservation, sinon du tout, au moins de la majeure partie des forêts.

La concession du droit de mort-bois a porté les usagers à abîmer tous les arbres indistinctement pour enlever ceux qui leur appartenaient, et à vouloir y comprendre des essences précieuses. La loi fut donc aussi obligée de déterminer ce qu'on devait entendre par l'expression de *mort-bois :* elle y comprit assez généralement, le coudrier, le fusain, le cornouiller, le troène, et les épines. Cet usage est un de ceux qui a fait le moins de tort aux forêts, et un des premiers qui soit tombé en désuétude, parce que la jouissance, quand elle n'a pas été limitée à s'effectuer dans les ventes en coupe, a toujours tendu à en détruire le principe. En effet ces espèces de bois une fois recépées au milieu des autres, ayant la souche couverte par l'ombrage, ne repoussèrent plus. Le droit d'enlever du bois mort amena de plus grands abus, parce que les usagers faisaient mourir, dans les forêts, tout ce qui était à leur convenance, et quoique les ferremens leur furent défendus pour l'en extraire, il n'a cessé, par la seule raison qu'il était un droit, d'être une source de désordre. Un propriétaire humain peut laisser à l'indigent la faculté d'aller ramasser le bois mort qui serait perdu dans ses taillis ; mais c'est toujours sans s'assujétir à aucune servitude. Alors tout abus peut cesser à sa volonté; il n'est tenu , pour avoir cette douce jouissance qu'éprouve l'homme de bien en observant ce principe fondamental de la sociabilité , « fais à autrui ce que tu voudrais qui te fût fait » qu'à une surveillance un peu plus active, et à prescrire d'une manière positive comment il entend que s'exécute la concession de sa bienveillance.

Quant au pâturage dans les bois, c'est en vain qu'on a voulu qu'il ait quelque côté avantageux : tous les raisonnemens qu'on a faits pour cela ne valent pas la réfutation : le pâturage fait dévorer tous les jeunes plants, tous les regarnis, et surtout lorsqu'il est souffert, comme on l'avait reglé en plusieurs lieux, à trois ans et un mai des taillis. Examinez au

printemps les aumailles dans d'aussi jeunes pousses ; vous les verrez à peine se
baisser vers l'herbe, étêter les plus belles tiges, couronner le bois, et le faire
périr jusque sur les meilleures souches.
Si les bestiaux peuvent être soufferts dans
les taillis, à l'exception des chevaux qui
attaquent moins les pousses, mais qui
ont toujours l'inconvénient de fouler le
terrain, et d'y écraser le jeune plant, ce
n'est pas avant qu'ils aient atteint sept à
huit feuilles. Le Code a laissé aux agens
forestiers à décider quand un taillis aurait un âge défensable. Pourquoi n'en a-
t-il point fixé le minimum à sept ans,
sauf à l'administration forestière à le reculer, quand elle le croirait nécessaire?
Alors les parties intéressées sauraient que
l'arbitraire, s'il venait à avoir lieu, aurait au moins des limites. Au reste il est
bien plus sage d'écarter des taillis pour
toujours les bestiaux. Qu'on compare
la belle végétation de tous ceux d'où ils
ont été proscrits avec ceux dont ils ont eu
la jouissance, on verra qu'il n'est besoin
d'aucun raisonnement pour sentir la nécessité d'abolir tout-à-fait le droit de pâturage. S'il peut être tiré quelque utilité,

pour la culture rurale, des herbes des jeunes taillis, c'est de la laisser enlever seulement à la faucille, par les femmes, et autres gens chargés de nourrir des bestiaux : encore, faut-il bien surveiller l'opération, afin d'empêcher de couper du jeune plant.

Le premier paragraphe de l'article 64 du Code forestier est d'une disposition bien louable, puisqu'il autorise le rachat du droit de pâturage, de panage et de glandée dans les bois : le second est vicieux, parce qu'il détruit le bienfait du premier, en supposant qu'il y a des lieux où le pâturage, étant d'absolue nécessité pour les communes, l'exécution n'en peut être suspendue ni supprimée.

Les droits et les autorisations de panage et de glandée ont été destructifs des forêts comme les autres. Cette prétention qu'on a eue, que si les cochons mangeaient une graine ils en enterraient une autre, est fausse : il est peu de ces graines qui échappent à la finesse de leur odorat, à moins qu'ils n'en aient bien au-delà de leur besoin, et leurs fouilles détruisent toujours plus de plants qu'elles n'en peuvent faire germer : ils en mangent même souvent avec avidité les racines. Aussi ne peut-on encore que blâmer le permis autorisé par la section VI du titre 3 du Code forestier, de vendre ou d'affermer la glandée dans les bois de l'Etat. Le Code prend même ici le contre-pied de ce qui pourrait être exécuté dans dans l'intérêt de la culture rurale, et du trésor public : il permet l'introduction. des porcs dans les bois, et il défend le ramassage et l'enlèvement des glands et des faînes : ce qui n'aurait néanmoins, si on défendait de secouer et de mutiler les arbres, que très peu d'inconvéniens, depuis l'époque où les bois, âgés de six à huit ans, ne laissent plus germer et végéter les graines, jusqu'à l'année qui précède l'exploitation des ventes. On y trouverait même l'avantage, au lieu de favoriser les seules communes ou métairies assez rapprochées des forêts pour pouvoir y envoyer journellement leurs bestiaux, de faire jouir de la glandée toutes celles environnantes où le transport des fruits pourrait se faire ; alors ayant plus de concurrens, par l'achat, on en trouverait un meilleur prix.

L'aménagement des bois en futaies

pleines a toujours été, pour l'Etat, une chose indispensable. Il a dû se mettre en mesure de parer et de satisfaire aux besoins extraordinaires de la marine, et des constructions civiles. Mais pour avoir été mal entendues, les futaies ont encore contribué au dépérissement des forêts. Elles ne peuvent utilement s'établir que dans des sols profonds et très végétatifs : ailleurs elles n'offrent que de faibles produits, et de mauvais bois d'ouvrage. Après leur abat, le terrain est épuisé ; souvent il ne se replante pas, et on ne fait rien pour l'aider à reproduire, parce qu'il semble n'en pas valoir la peine, et que le succès, par les frais de main-d'œuvre, y est désespérant. Au reste il n'y a que le gouvernement qui doive de nécessité s'occuper d'établir des aménagemens dont les abats exigent le cours de plusieurs générations, parce que les produits, même dans les bons sols, comme nous le démontrerons plus tard, n'en sont jamais, si on considère les avances et les intérêts qu'il faut supporter pour les conserver, satisfaisans pour les particuliers. Aussi, plus l'agriculture se perfectionnera, et plus l'industrie prendra de développement, plus aussi les taillis acquerront de valeur, et moins les propriétaires se détermineront à les transformer en vieille écorse.

Si comme nous le pensons, les futaies pleines, les bois résineux exceptés, ne doivent s'établir que dans des sols profonds, si leur établissement ailleurs est préjudiciable à la conservation du plant des bois, et s'il tend à en faire des friches, l'article 93 du Code forestier doit être encore l'objet d'une juste critique, et de la réprobation des agriculteurs. Les quarts de réserve qu'il ordonne, dans les bois des établissemens publics et communaux, s'ils ont une contenance de dix hectares, devraient être restreints aux seuls sols qui y sont convenables.

Plusieurs auteurs forestiers ont, au sujet de l'aliénation des bois, blâmé le gouvernement, et les législateurs qui l'ont permise ou commandée. Sous la république, il en a été vendu environ cinq cents mille arpens, depuis la restauration à peu près le tiers de cette quantité. On peut regretter le vil prix de la vente des premiers, on peut regretter ceux qui étaient propres à la futaie pleine ; mais comme taillis on aurait généralement tort de craindre que les particuliers en aient moins de soins qu'en avait le gouvernement. Ce dernier peut en posséder encore, avec les communes, les établissemens publics et les majorats environ un million d'hectares propres à la vieille écorce. Une fois les futaies pleines amenagées dans le quart de ces bois, afin de conserver les autres trois quarts en bons taillis pour le renouvellement successif de la vieille écorce, nous ne verrions pas, surtout si les opérations d'aménagement étaient faites avec toutes les lumières des savans forestiers, d'inconvénient à ce qu'on vendît encore tous ceux des bois du domaine qui, étant sur des sols peu profonds, ne sont décidément propres qu'à la production du taillis. L'Etat diminuerait ses frais d'administration, liquiderait promptement ses dettes, si le produit en était versé à la caisse d'amortissement, et les impôts qu'il en tirerait seraient presque l'équivalent du revenu.

Sur environ six millions d'hectares de bois qui peuvent se trouver en France, l'Etat, les établissemens publics, les majorats, les communes possessionnées au nombre d'au moins sept mille, sont propriétaires de près de la moitié. Cependant nous croyons pouvoir avancer, en considérant les approvisionnemens de tous les chantiers, que ces forêts ne fournissent pas la moitié du bois de chauffage de la consommation publique, même en n'y comprenant pas le fagotage des bois des particuliers, qui sert exclusivement à presque tous les ouvriers de la campagne, et chez lesquels néanmoins, comme dans certaine usine, un bon cent de fagots fait autant de profit qu'une corde de bois. Or, nous en tirons la conséquence que les taillis des bois de l'Etat ne sont pas régis avec autant d'économie que les autres. Nonobstant nous ne prétendons pas vouloir justifier ces coupes anticipées ou trop rapprochées, dans l'aménagement, que le besoin ou l'inexpérience fait faire à quelques propriétaires.

L'ordonnance de Louis XIV avait réglé le minimum de l'âge de la coupe dans les bois de main-morte et de particuliers; elle y avait aussi ordonné l'établissement de la futaie sur taillis, et la réserve de seize baliveaux par arpens. On doit s'étonner que le nouveau Code garde le silence à cet égard. Nous ne nous arrêterons point à considérer ici si la futaie sur taillis est ou n'est pas avantageuse, nous en aurons l'occasion lorsque nous traiterons de l'aménagement et de l'âge où l'abat des taillis peut être le plus profitable aux particuliers sans nuire à l'intérêt public.

L'art. 225 et dernier du nouveau Code forestier contient une disposition favorable à la production des bois, puisqu'il exempte d'impôt, pendant vingt ans, les plantations qui peuvent se faire sur les dunes, sur le sommet et le penchant des montagnes. On désirerait qu'il eût étendu sa faveur jusqu'aux ravins et aux terres ingrates des communes, dès l'instant que les propriétaires y auraient exécuté des plantations de taillis ou d'arbres à bois d'ouvrage.

L'art. 146 défend aux particuliers de s'introduire dans les forêts, hors des routes et des chemins publics avec des instrumens connus spécialement pour couper et trancher le bois. Mais que d'instrumens peuvent se cacher! Combien en est-il aussi, telle qu'une forte serpette à jardinage, par exemple, dont le port ne peut pas être prohibé, qui peuvent servir à faire des dégâts! Et pourquoi ne point interdire l'entrée dans les bois d'une manière absolue à toute personne qui n'y est pas appelée par son service? Pourquoi y tolérerait-on plutôt un passage que dans un champ à culture rurale? Une si juste défense, due au respect de la propriété, y arrêterait bien des désordres; elle empêcherait souvent de pouvoir aller y mettre le feu, et elle en faciliterait singulièrement la surveillance.

Dans quelques départemens du nord-est de la France on est assez ordinairement dans l'usage, après l'abat des ventes, de labourer les taillis, pour y faire une récolte de culture rurale. Nul doute qu'un guéret bien remué ne soit utile aux jeunes pousses, et qu'il ne facilite, dans les bois, la levée de plusieurs graines forestières. Mais cet avantage ne nous semble pas pouvoir compenser le jeune plant et les racines qui sont détruites par le fer dont on se sert pour exécuter les labours : c'est encore bien pis lorsqu'on permet de brûler la surface du sol par l'écobuage.

Des allées dans les bois, pour en faire des carrés ou morceaux de médiocre étendue, de douze, vingt à trente hectares au plus, ne sont pas une perte; elles y donnent de l'air au taillis, elles en facilitent la garde, l'extinction du feu, si malheureusement il y est mis, et le débardage, quand ils sont coupés. Dans les montagnes les chemins doivent être contournés, afin de les adoucir et d'en faciliter la montée.

On a recommandé, dans plusieurs ouvrages agronomiques, de garnir de réserves, sur quelques mètres de largeur, les bordures des chemins et des allées dans les forêts. Nous ne pouvons pas approuver cette recommandation, car elle ne tend, malgré l'agréable effet qui en résulte d'abord, qu'à dégarnir les limites des bois, à y produire, dans chaque allée, l'apparence de trois chemins, parce que la pousse du taillis, trop comprimée par les grands arbres, s'éloigne toujours des réserves à une certaine distance; or, on y détruit, non-seulement tout le bien qu'on lui aurait fait éprouver par une plus grande circulation de l'air, on l'en prive encore plus qu'il ne l'était avant l'ouverture des allées, on empêche les chemins de sécher, et l'on obtient une futaie qui coûte toujours fort cher, vu le grand espace qu'elle occupe.

La conservation des bois et forêts dépend encore d'une bonne surveillance; il faut donc qu'ils aient assez de valeur pour en payer les frais sans diminuer sensiblement le revenu. Mille hectares réunis seraient peut-être assez pour occuper un homme, mais il faut le bien payer, et ne jamais mettre ses devoirs et sa probité aux prises avec ses besoins; le fait n'arrive que trop souvent, et c'est la vraie cause qui fait que la plupart des propriétés agricoles sont mal gardées, qu'il s'y commet de nombreux délits; qu'il est rare de voir les honnêtes paysans rechercher surtout les emplois de gardes-champêtres, et que ces emplois ne sont occupés, en grande partie, que par des paresseux souvent très mal famés. En France comme dans toute l'Europe, on paie énormément les chefs: non content de leur donner largement les besoins de la vie, on leur fournit le moyen d'étaler un grand luxe qui est inutile et funeste à la morale publique, et on laisse les subalternes, qui font les travaux les plus pénibles, dans la misère par la médiocrité de leur traitement.

CHAPITRE II.

De la végétation des arbres.

Les arbres offrent ordinairement un tronc vertical, garni de branches plus ou moins élevées, suivant leur espèce : il y en a, tels que certains peupliers, des ormes, des chênes, des sapins, dont les branches ne commencent à ramifier le tronc qu'à plus de cinquante ou de soixante pieds de hauteur; ces espèces sont les plus avantageuses, parce qu'elles peuvent fournir de belles charpentes pour les constructions navales et civiles.

Les arbres se divisent, suivant l'élévation qu'ils peuvent acquérir, en trois sortes par les nomenclateurs. Dans les arbres de la première grandeur sont compris les chênes, les ormes, les châtaigniers, la plupart des peupliers, et tous les arbres qui peuvent s'élever au-delà de soixante à quatre-vingts pieds; dans ceux de la moyenne, sont compris les charmes, les érables, les bouleaux, etc., qui ne dépassent pas soixante pieds ; et dans ceux de la troisième, les merisiers, les pruniers, les pommiers et tous les petits arbres qui ne s'élèvent pas au-delà de quarante pieds ni au-dessous de dix-huit-à vingt.

Après les arbres on distingue les arbrisseaux, et on les divise ainsi que les arbres en trois sortes de grandeur, depuis un mètre un tiers jusqu'à six ou sept d'élévation. Les grands arbrisseaux sont les néfliers, les aubépins, les noisetiers, les sureaux ; ceux de la moyenne grandeur sont les lilas, les sumacs , etc. ; et ceux de la troisième sont les seringas, les épines-vinettes, les bagnaudiers, etc.

Après les arbrisseaux on remarque les arbustes, parmi lesquels il faut comprendre les spiréas à feuilles de mille pertuis, les groseillers, le thim, et toutes les plantes d'une dimension semblable et d'une nature ligneuse.

On doit observer que beaucoup d'arbrisseaux, et presque tous les arbustes, n'offrent pas, comme les arbres, pour l'ordinaire, un tronc unique : dès leur sortie de terre ils ont plusieurs tiges, et celles-ci forment un buisson.

Les arbres sont composés d'écorce et de bois. L'écorce renferme l'épiderme et le liber : la première de ces enveloppes est sèche et aride quand le bois prend de l'âge : dans la force de la sève, elle peut se lever avec assez de facilité : dans l'hiver elle se détache assez diffici- lement du liber; et dans un commence- ment de dessiccation, après l'abat du bois, elle y est encore plus adhérente : néan- moins, dans un état de pourriture, elle se sépare souvent d'elle-même : elle s'en- lève pour l'ordinaire dans le sens vertical excepté dans quelques espèces, comme dans le bouleau, dans le platane, où on la voit, toutes les années, se dépouiller circulairement et par partie.

L'épiderme des arbres, comme celui de la peau des animaux, est susceptible, quand il lui a été fait des plaies, de s'al- longer en croissant et de se régénérer : avec l'âge, l'extension que le grossisse- ment des arbres l'oblige de prendre, le porte à se fendiller, à devenir sillonné et raboteux.

Le liber est composé d'une très grande quantité de fibres, que plusieurs physi- ciens comparent à des vaisseaux capillaires : lors de la sève du printemps, il est très facile de le séparer du bois et de l'épiderme. Il semblerait que le liber est la partie principale qui sert à la circulation des liqueurs que les plantes peuvent sucer et transpirer; renvoyant vers l'épiderme les substances les plus grossières et les plus propres à former la couverture conservatrice des végétaux, et du côté du bois les substances alimentaires.

A-t-on enlevé l'écorce des arbres? on aperçoit le bois qui est leur soutien principal : celui-ci est composé d'aubier ou de bois imparfait, et de bois formé, dit le bois de cœur, et d'une moelle au milieu plus ou moins abondante suivant les espèces.

A travers l'aubier et le bois parfait, on remarque de petits tubes ou des espèces de trachées servant à la respiration, et des sortes de vaisseaux lymphatiques, remplis de liqueur, qui semblent communiquer de la moelle au liber, et servir aussi à la nourriture du bois. C'est cette liqueur qui étant extraite, dans la carbonisation, donne ce qu'on appèle acide pyroligneux.

Entre l'aubier et le bois de cœur,

lorsqu'on les coupe nettement avec une scie ou autre outil de fer tranchant, on y aperçoit, dans quelques espèces d'arbres, comme dans le chêne, par exemple, une différence très marquée. Le bois de cœur est plus brun, et l'autre qui touche au liber est plus blanc et plus pâle. L'aubier devient bois parfait dans un temps indéterminé : quelque fois en cinq ou six ans, et on en voit qui n'est pas encore confectionné dans l'espace de dix ou douze.

L'âge d'un arbre se fait ordinairement connaître par des lignes ou veines circulaires qu'on remarque à son intérieur. La sève de chaque année semble former la sienne par une nouvelle agrégation de bois sur l'aubier : ces couches sont d'autant plus dures et solides qu'elles se rapprochent du cœur, et d'autant plus tendres qu'elles sont plus nouvelles et plus près du liber. Dans un arbre de quarante ans et plus, les couches de l'aubier sont à peu près le tiers de celle du bois de cœur. Plus les arbres sont jeunes, plus ils sont abondans en aubier : cette partie du bois n'est pas sensiblement aperçue dans toutes les espèces d'arbres : il y en a, tels que les peupliers, les bouleaux, qui semblent n'offrir qu'une nuance graduée indéfinie, depuis le liber jusqu'à la moelle.

Dans les mêmes couches d'une bille, on trouve des parties d'aubier qui sont plutôt transformées en bois parfait que les autres : ces couches ne sont pas non plus d'égale épaisseur sur toute la circonférence. Plusieurs physiciens ont pensé que le soleil, en facilitant l'élaboration de la sève, causait cette diversité d'épaisseur : mais leur opinion à cet égard semble fautive : car mainte fois du même côté, très peu au-dessus ou au-dessous, l'épaisseur se trouve différente. Souvent le côté où les couches annuelles du bois sont très épaisses est placé au-dessus de grosses racines ou au-dessous de grosses branches : vraisemblablement parce que celles-ci facilitent, dans leur direction, une plus forte succion de substance alimentaire : c'est aussi pour l'ordinaire de leur côté que les couches de l'aubier se transforment plus tôt en bois de cœur, et c'est encore une nouvelle preuve de l'abondance de sève et de nourriture qu'elles ont la puissance d'attirer.

Les arbres ont de grosses racines garnies plus ou moins de ramifications qu'on nomme chevelu : elles sont , comme le tronc , composées d'écorce et de bois. Les arbres , à leur naissance, commencent par jeter un pivot qui , tout en se formant d'autres racines latérales , se prolonge plus ou moins suivant les espèces , s'il n'est pas arrêté par quelque tuf ou autre objet impénétrable à sa puissance. Cependant les racines ont de grands moyens pour s'insinuer dans les corps durs, puisqu'on on en voit, comme celles des noyers, de la vigne, etc., s'ouvrir des passages à travers les rochers et les murailles, qu'elles ébranlent et renversent quelquefois. Le pivot des arbres étant retranché, il abonde alors en fortes racines latérales , et il cesse de s'allonger sur une seule racine.

Les racines ont une grande propension à rechercher la bonne terre : ouvrez-vous une tranchée pour y placer leurs arbres ? vous les voyez toujours s'étendre dans la terre meuble, et s'il y a un choix, c'est aussi du meilleur côté où vous les trouvez pour l'ordinaire et plus fortes et plus multipliées.

Dans la culture rurale, la nature a

donné de puissans moyens aux cultivateurs pour ménager leur sol arable, sans
cesser de faire des récoltes abondantes,
par la variété des ensemencemens, parce
qu'il y a des plantes qui, pivotant, vont
chercher leur nourriture à une grande
profondeur, tandis qu'il y en a d'autres
qui, traçant sans s'enfoncer, ne tirent
leur aliment que des sucs végétatifs que
les météores, les angrais et les amendemens ont déposés dans la couche très superficielle du terrain. Le même fait s'ob-
serve dans la culture des arbres : les uns,
tel que les chênes, enfoncent leurs racines et vont chercher leurs principes
alimentaires à de grandes profondeurs :
d'autres, tels que les ormes, les jettent
peu avant, les étendent à de grandes
distances, et ne vivent que dans les couches superficielles des terres : d'autres,
comme les tilleuls, ramassent leurs racines dans un espace très rapproché, et
elles ne vivent que dans le sol qui les
entoure immédiatement : ce qui permet,
comme dans la culture des plantes herbacées, d'alterner la plantation des arbres avec succès ; parce que, ne vivant
pas dans les mêmes couches du sol, celles

de ces couches qui sont épuisées, pour les uns, ne le sont pas pour les autres.

Il ne paraît pas que les grosses et principales racines soient propres à la succion des substances qui peuvent alimenter les arbres; leur fonction serait de la recevoir pour la faire passer au tronc, et de celui-ci dans les branches: ce serait les petites racines qui, par leurs extrémités spongieuses, auraient la puissance d'aspirer la plus grande partie des liqueurs de la sève. Lorsqu'on examine les brins du chevelu des racines, on en voit beaucoup qui périssent à la fin ou à la suite de la végétation annuelle : au printemps on en voit renaître de nouveaux : on est donc porté à penser qu'ils sont régénérés tous les ans, ainsi que les feuilles, et que, comme celles-ci, ils doivent avoir la fraîcheur de la jeunesse pour être propres à la succion des alimens de leurs végétaux.

Comme les arbres poussent d'abord un pivot qui se ramifie en racines, ils poussent également une tige qui se ramifie en branches et en feuilles, afin de pouvoir pomper, il est croyable, par le moyen de celles-ci, les diverses substances atmosphériques, ainsi que le chevelu des racines aspire les sucs végétatifs qui sont dans les terres.

Sur les branches des arbres se trouvent les boutons qui donnent naissance aux feuilles et aux fleurs. Ces boutons, d'abord nommés yeux, lors de leur première apparence sur le bois, sont placés de diverses manières suivant les espèces de plantes : ils sont alternes, comme dans le coudrier (*figure* 1), verticillés, comme dans le grenadier (*figure* 2); en sorte de quinconce, comme dans le prunier (*figure* 3); en spirale comme dans le pin (*figure* 4), etc. Celui qui couronne les tiges se nomme terminal. Dans plusieurs espèces, et notamment dans beaucoup d'arbres à fruit, tels que les pêchers, les pommiers, les poiriers, on distingue, dès l'automne ou l'hiver, les boutons à feuilles par leur alongement et leur petitesse, et les boutons à fleurs par leur grosseur et leur renflement : les jardiniers nomment les premiers boutons à bois, et les seconds boutons à fruit. Suivant Mariotte, si, avant la détermination absolue de ceux-ci, on retranche ceux qui n'auraient donné que du bois, les premiers cessent de se renfler, et rentrent dans la nature de ces derniers.

Les feuilles des arbres qui semblent être une sorte d'épanouissement des fibres ligneuses des branches, offrent de très grandes différences; la nature est si étonnamment variée dans ses productions, qu'il n'est peut-être pas une feuille, quelque immense qu'en soit le nombre, qui n'ait, comme tous les autres individus, sa physionomie particulière. Mais nous n'entendons pas parler de ces nuances qui échappent en partie à notre sagacité, et qui étonnent notre faible intelligence : nous ne considérons que les formes distinctives appartenant aux diverses espèces de végétaux. Chacun a, dans ses feuilles, une conformation particulière, et le nombre des plantes est déjà assez multiplié pour que l'étude de leur feuillage remplisse la mémoire la plus étendue. Il est des feuilles qui sont fermes, comme dans le platane : d'autres sont molles, comme dans le catalpa : la nuance de leur revers est ordinairement plus pâle que le dessus : elle est surtout d'un vert différent : elle est presque blanche dans beaucoup d'espèces, tel que dans l'ypréau ; quelques feuilles sont velues , et d'autres très lisses : quant à la forme , il en est qui sont régulières : d'autres découpées ou ondées, comme celle du chêne; d'autres composées de plusieurs folioles, comme celle du cytise, etc.

La disposition des feuilles ne peut être changée : Bonnet s'est assuré qu'il était impossible de les tenir renversées sans effort, c'est-à-dire d'exposer vers la terre la partie disposée au regard du firmament ; les renverse-t-on par la disposition de leur branche? en peu de temps elles se contournent sur leur pédicule , elles se replacent dans leur position naturelle, ou si elles ne le peuvent, elles meurent infailliblement.

Les feuilles du bois et des fleurs ont des nervures ou vaisseaux qui partent de la queue, qui s'étendent et s'anastomosent de diverses manières , et c'est infailliblement par ces vaisseaux que s'effectuent la transpiration et une partie de la succion de toutes les plantes. Il faut peu d'observation pour juger de la grande importance des feuilles : les arbres sur lesquels elles sont dévorées par les chenilles, ne végètent plus ou végètent mal ; ils n'ont plus également, si elles sont attaquées par la rouille, qu'une triste végétation, et ils ne se raniment que lorsqu'il s'en développe de nouvelles.

De l'observation sur l'importance des feuilles pour rafraîchir la sève, par l'aspiration et la transpiration, il en résulte qu'il est facile de s'opposer à l'accroissement d'une branche gourmande : il suffit de l'effeuiller en partie. Un arbre végète-t-il très fortement ? il le doit sans doute en grande partie à l'aspiration de ses feuilles qui porte presque toute la sève vers le bois : or , s'il est chargé de fruits, et que la sève entraînée d'un autre côté par des vaisseaux trop actifs, ne puisse les alimenter, il suffit également, comme en effet le font les jardiniers, d'avoir recours à l'effeuillage : c'est le moyen de ralentir l'aspiration des vaisseaux qui portaient toute la sève vers le bois, et de donner à ceux du fruit le moyen d'en attirer. Mais il faut effeuiller avec modération ; car ne laissant point aux branches assez de moyens pour végéter, on pourrait en arrêter tout-à-fait la sève ; alors le fruit qu'elle ne pourrait plus nourrir se dessècherait. C'est un fait qui arrive souvent dans les espaliers, et surtout à la vigne, après le palissage et l'ébourgeonnement.

Les organes excréteurs d'absorbtion et de respiration accordés aux plantes ne sont pas une supposition gratuite : les belles et savantes expériences, sur la physique des arbres, qu'ont faites Duhamel, Hales, Bonnet et autres, le prouvent d'une manière incontestable. Ayant élevé des arbres en pots, ils bouchèrent le dessus de ces pots ou vases, et ils s'assurèrent par ce moyen que, si l'eau des arrosages ne pouvait s'évaporer par le terrain, soit en dessus, soit en dessous, elle devait nécessairement le faire par les pores de l'arbre, c'est-à-dire par ses organes excréteurs. Quant à ceux absorbans, Bonnet n'en a pas moins démontré l'évidence. Il a exposé des branches dans un lieu couvert et humide qui pût les conserver vertes pendant plusieurs jours, et leur poids s'y est constamment trouvé avoir pris de l'augmentation : or, n'ayant point de racines pour absorber, et la coupure du bois étant bouchée avec de la cire, elles n'ont pu le faire que par les feuilles et par l'écorce.

Suivant plusieurs auteurs, c'est pendant la lumière du jour que les feuilles transpirent, et pendant la nuit qu'elles ont la propriété d'aspirer. C'est pourquoi on aide la croissance du fruit, et on ranime la fraîcheur de la végétation des arbres, en les arrosant le soir sur les feuilles : on procure à celles-ci un aliment dont elles s'emparent aussitôt, et avec le plus grand profit, s'il a eu le temps de se saturer d'oxigène et d'acide carbonique que les chimistes ont trouvé entrer en si grande quantité dans la constitution des corps ligneux.

De la transpiration des arbres par les feuilles, et de la succion de la sève par les racines naît la nécessité d'étêter presque tous les jeunes arbres qu'on transplante : car, comme on leur retranche une grande partie de leurs racines, comme ou en arrête la succion, il faut en même temps ôter des branches et des feuilles, c'est-à-dire une partie des organes d'une transpiration qui est privée de vaisseaux spongieux et aspirans propres à suppléer à sa déperdition : c'est par la même cause qu'il faut ôter les feuilles des greffes : autrement leurs branches n'étant pas assez unies au sujet, pour en tirer la liqueur séveuse, elles pourraient se dessécher, faute de pouvoir suffire à leur transpiration. On facilite aussi la reprise des arbres en leur procurant un peu d'ombrage, parce qu'on modère la transpiration des boutons, qui serait excitée par la force du soleil, et qu'on donne le temps aux racines de commencer à végéter pour y suffire.

Les arbres verts ne veulent point être étêtés, parce que l'étant ils font une trop grande déperdition de suc propre résineux, et que les branches sortent d'ailleurs très difficilement de leur tronc. Mais aussi faut-il les planter dans le fort départ de la sève; faut-il que leurs racines ne soient nullement mutilées, et qu'elles puissent promptement suffire à la transpiration des feuilles. Quelques autres arbres, tels que les tulipiers, les frênes, les maronniers, les peupliers, surtout celui d'Italie, ne souffrent pas non plus volontiers l'étêtement, mais ils se trouvent très bien d'avoir la tige dégagée et peu garnie de branches latérales.

Nous devons observer que dans la

transpiration dont nous venons de parler qui se fait d'une manière insensible, nous n'avons pas voulu comprendre une autre transpiration très évidente qui produit les gommes, les glues, le suintement des ormes qu'on dit éventés, les écoulemens de résine dans beaucoup d'arbres et les pleurs de la vigne. Cette transpiration d'une nature différente de la première, et particulière à plusieurs végétaux, n'est parfois que le résultat de divers accidens et toujours d'une liqueur de suc propre, et d'une sève surabondante, complètement élaborée et souvent parvenue à l'altération.

Dans les animaux les ongles paraissent être le prolongement et le durcissement du tissu cellulaire ; les épines, dans certains végétaux qui en sont armés, paraissent être aussi un prolongement du liber, seconde partie de l'écorce des arbres, et que beaucoup de physiciens ont comparées à la seconde partie de la peau des êtres animés : en effet les épines s'enlèvent avec l'écorce sans marque de solution de continuité avec le bois. Il n'en est pas de même des vrilles ou mains dont plusieurs espèces d'arbres rampans sont pourvus, pour pouvoir s'élever en s'accrochant aux corps qui les avoisinent: ces vrilles paraissent être de même nature que la queue des fruits, communiquer au bois par des nervures, être garnies d'écorce, de moelle, et de substances ligneuses.

Le but des fleurs est de donner naissance à des fruits qui servent à la propagation des espèces. Les fleurs ont presque toutes des pétales soutenues par un calice, et ces pétales semblent faire à leur égard les mêmes fonctions d'aspiration et de transpiration que font les feuilles à l'égard des branches des arbres, et c'est sans doute par leurs vaisseaux que s'exhalent en partie les odeurs et les parfums qui en font rechercher plusieurs, et dont l'oxigène est la base avec l'association d'un suc particulier.

Les fleurs sont ordinairement garnies d'étamines, en plus ou moins grand nombre, et d'un pistil au milieu, très souvent plus alongé, tel qu'on le voit dans la fig. 5. Les pistils qui reçoivent la poussière fécondante des étamines laquelle n'est pas non plus, dans les fleurs odoriférantes, sans exhaler des parfums, sont composés de l'embryon à leur base, du style qui en forme le jet et du stigmate qui le couronne. C'est par le nombre des étamines qu'on voit au nombre de quatre dans notre figure, que la plupart des botanistes classent et distinguent les végétaux. Dans beaucoup de plantes il y a des fleurs qui n'ont que des étamines et d'autres que des pistils : les premières s'appèlent fleurs mâles, et les secondes fleurs femelles. Le noyer et le hêtre par exemple, ont des fleurs à pistil et des fleurs à étamines. Quelques arbres et beaucoup de plantes, comme le chanvre, ont des tiges différentes pour chaque sexe : alors les fleurs femelles ne sont fécondées qu'autant qu'il se trouve près d'elles ou dans leurs environs des tiges à fleurs mâles.

C'est sur l'embryon que les fruits prennent naissance. Il est pourtant difficile de déterminer quelle est la partie du pistil qui reçoit le principe de la fécondation, puisque cette fécondation n'a point lieu, quand on retranche le style ou le stygmate. Il est présumable que c'est l'embryon qui peut être fécondé ; mais il semble évident que la première substance que cette fécondation peut recevoir, ne lui arrive que par la succion du stygmate et des vaisseaux du style.

Les fruits nés sur l'embryon renflé, sont à leur maturité, les uns enveloppés dans des capsules entières comme les châtaignes; d'autres soutenus dans des demi-capsules formant une sorte de dé à coudre, comme les glands; d'autres contenus dans des cônes comme ceux du sapin; d'autres dans des gousses ou cosses comme ceux de l'acacia. Il en est qui sont renfermés dans des chairs ou sucs ordinairement agréables à manger, comme ceux du pommier, du poirier, nommés pepins, ou ceux des cerisiers et des pruniers nommés noyaux.

Le premier développement des végétaux naît de leur semence dans les lobes de laquelle leur germe se trouve renfermé. Aussitôt que celui-ci se développe par la fermentation, son pivot va pomper ses sucs nourriciers dans la terre, et ses feuilles séminales s'épanouissent au-dessus du sol: ces deux circonstances, dans toutes les plantes, paraissent indispensables pour leur donner la vie: dès que leurs racines sucent et pompent de la nourriture, il faut qu'elles transpirent, et probablement qu'elles tirent, par les feuilles et par les branches de l'humidité dans l'atmosphère, afin que les deux principes de succion se mélangent et s'élaborent, comme les boissons, et les substances solides dans les animaux, pour fournir le chyle ou plutôt l'humeur nutritive convenable à la production de la sève : le fait paraît d'autant plus évident que le développement des racines est toujours en rapport avec celui des branches. Etêtez-vous un orme par exemple, le disposez-vous en boule, le tenez-vous en haie ou en buisson? les racines ne s'étendent pas autant que dans celui à qui on laisse à la tige prendre tout son développement : le bourrelet d'une greffe vient-il à se trouver en terre? il peut pousser des racines; et celles-ci acquièrent bientôt, ainsi que ses branches, un développement proportionné à l'espèce de la greffe : développement que l'arbre ne prenait pas avant la sortie de ces nouvelles racines, parce que le sujet, étant de plus petite nature, ne produisait que des racines analogues.

Nous avons vu que la sève vient en partie de la succion des racines ; elle est donc ascendante : on en trouve la preuve dans le développement des boutons qui est toujours plus considérable dans celui qui est le plus élevé. Ployez-vous une branche (*fig.* 6), ce n'est plus son bouton terminal qui pousse le mieux, c'est celui qui se trouve dominant sur le corps de la tige. Mais si le bourrelet d'une greffe ou autre peut pousser des racines, si après la reprise d'une greffe en approche, on retranche un des deux sujets au-dessous de la suture, comme on le voit dans la figure 7, le chicot détaché de son pied n'en nourrit pas moins les petites branches dont il peut être garni : on doit en conclure que la sève est aussi descendante. Il y a donc une circulation de liqueur végétale qui parcourt du bas en haut, et du haut en bas, dans les vaisseaux ligneux, et l'on est porté à croire que cette opération de la nature n'est pas sans rapport avec la circulation du sang dans les veines ou vaisseaux du corps des êtres animés.

Une question bien importante chez les physiciens agronomes, c'est de savoir comment se forme le bois. Les bourgeons se développent et grandissent en production ou tige herbacée : le bois une fois formé, il ne s'élève plus, il prend seulement de la grosseur. Se fait-il une plaie dans un arbre? reçoit-il un coup d'essieu? la partie blessée reste toujours à la même hauteur. Nous avons déjà dit que le bois pouvait être formé d'une partie de la substance du liber; c'est le sentiment de Malpighi; Hales pense, au contraire, que les couches annuelles du bois sont formées par la substance qui circule dans les vaisseaux lymphatiques du corps de l'arbre. Nous pensons que les deux substances y concourent : leur réunion entre l'écorce et l'aubier produit la matière gélatineuse qu'on nomme cambium, et celui-ci se transforme en bois : cependant la substance du liber paraîtrait y jouer le principal rôle. Dans une greffe en écusson, laissez-vous du bois à l'écorce? il se dessèche, et s'accole sur le corps du sujet, tandis que les couches ligneuses se forment au-dessus. Introduisez-vous entre le liber et l'aubier une lame d'étain ou d'autre métal? elle reste attachée au premier, qui n'augmente plus, tandis que de nouvelles couches de bois se forment entr'elles et le liber.

Tout arbre qui ne pousse pas verticalement et qui n'a pas le corps droit,
tient probablement ce défaut d'une sève
qui ne circule pas d'une égale force dans
tout son liber : le côté où il y a une circulation plus abondante, fait prendre à
l'écorce plus de développement, et force
l'arbre à se pencher dans le sens contraire : c'est pourquoi on peut redresser celui qui est encore jeune, si on fait
une incision à son écorce du côté par où
il penche; alors on relâche les vaisseaux,
et on force la sève à s'y porter pour réparer le désordre. Les jardiniers, en
ployant le sujet sur le genou, alongent
et déchirent l'écorce, et ils y produisent
le même effet que l'incision : on doit
sentir qu'un moyen semblable pourrait
être employé pour forcer des arbres
droits à se pencher, afin d'en obtenir un
jour des courbes pour les constructions
qui les réclament : mais ces courbes demandent des soins; il faut ne les obtenir
que successivement, parce que les arbres trop coubés ont une grande disposition à se reformer une tige droite, par

le moyen d'une branche gourmande qui pousse au-dessous ou dans le milieu de la courbure.

Pourquoi les racines des arbres vont-elles toujours en en-bas? Il faut qu'il y ait, pour faire prendre aux parties des végétaux les diverses directions qui leur sont nécessaires, une certaine affinité entre la terre et les racines et entre l'air et les branches. Les plantes qu'on fait pousser au-dessus du sol n'en dirigent pas moins leurs racines vers la terre dans quelques positions qu'on les pose. Mais ce qui confond ici toutes les idées, c'est que dans beaucoup de cas, les principes des racines peuvent donner des branches, et ceux des branches donner des racines. Déchaussez-vous le pied d'un arbre, l'exposez-vous à l'air? les yeux qui devaient produire des racines ne donneront plus que des branches : au contraire, butez-vous un arbre à son pied? les boutons qui devaient donner des branches ne donneront plus que des racines. Si vous placez le petit bout en terre, du plançon d'un saule ou d'autre arbre qui reprend de bouture, au lieu de branches il produira des racines. La vraie cause qui détermine la naissance de celles-ci, et qui les porte à s'enfoncer dans la terre, n'a pas été démontrée ; elle a échappé jusqu'à ce jour à la sagacité des physiciens.

La lumière qui, suivant l'opinion de plusieurs agronomes, causerait la verdeur des feuilles, puisque les végétaux qu'on fait pousser sous des poteries non transparentes ou autres lieux obscurs et les salades qu'on lie, ne donnent que des feuilles blanches, déterminerait aussi, à moins de contrariété particulière, la direction des tiges des plantes : les place-t-on dans un lieu fermé ? elles se penchent toujours vers les croisées ou autres jours qui y sont menagés. Dans les bois, y a-t-il un côté touffu qui fasse ombrage ? on voit toujours les arbres du dessous se pencher vers le côté éclairé.

Les animaux ont de grands moyens de reproduction : les ovipares, les poissons surtout en ont d'immenses : cependant il est douteux que ces moyens puissent approcher de l'étendue de ceux des végétaux. Duhamel a observé qu'un orme de moyenne force pouvait donner jusqu'à trente quatre millions de graines en une seule année. Encore la régénération de arbres ne se borne-t-elle pas aux semences : un très grand nombre ont encore le moyen des boutures, des marcottes, et des drageons.

Tout le monde sait que les drageons sont des branches qui, dans beaucoup d'espèces d'arbres, tels que dans les ormes et dans la plupart des peupliers, poussent sur les racines qui tracent à la surface du sol, et qu'alors on peut en lever pour faire de nouveaux sujets: que les boutures sont de menues branches pour l'ordinaire, qu'on plante en terre, afin de déterminer les boutons qui sont à leur base à donner des racines. Dans les marcottes, les branches ne se détachent point d'abord des arbres ; on les couche seulement dans la terre, afin de déterminer ceux de leurs boutons qui s'y trouvent à pousser des racines, et lorsqu'elles en sont garnies on les retranche du pied principal qu'on appèle mère, afin d'en faire aussi autant de nouveaux sujets. Dans les taillis, mainte fois les marcottes se font tout naturellement par la traînée des branches sur terre.

Les arbres nés de drageons, de boutures et de marcottes ne passent pas pour acquérir autant de force que ceux qui sont directement le produit des graines : mais ils sont précieux pour conserver de belles variétés dans les espèces. C'est par leur moyen qu'on conserve, dans les feuilles et dans l'écorce, plusieurs monstruosités; dans les fleurs, des panachures, des couleurs variées ou bizarres, et la multiplicité des pétales ; dans les fruits, de bonnes espèces ; dans les ormes, les fibres ligneuses tortillées : enfin ils procurent mille autres choses agréables ou utiles qui ne sont néanmoins que des accidens qu'on voit disparaître dans les semis : ceux-ci ne sont propres qu'à produire l'espèce en général, quelquefois avec de nouvelles physionomies, mais qu'ils ne peuvent conserver.

Les animaux sont pourvus d'estomac pour digérer les alimens, et ce n'est qu'après cette digestion que les parties qui doivent les nourrir sont assez volatilisées pour se porter dans le sang qui circule dans leurs veines, tandis que les viscères de leur panse chassent toutes les parties grossières qui ne renferment point de substance propre à la chylification. Les plantes étant privées des organes de l'estomac et de la panse, semblent devoir sucer leurs alimens complètement volatilisés : il faut donc que la terre et l'air leur en tiennent lieu, par une fermentation atténuante des sucs de l'humus et de toutes les autres matières qui peuvent le nourrir.

Beaucoup de plantes peuvent végéter dans l'eau claire qu'on ne laisse point s'infecter : Duhamel nous assure y avoir fait vivre de petits chênes pendant huit ans : ce fait a porté plusieurs agronomes à penser que l'eau, additionnée de quelques matières qu'elle peut absorber, était la principale nourriture des végétaux, et que les engrais et les divers amendemens n'étaient utiles que pour attirer, dans les sols, de l'humidité, et de l'eau nécessaire à la végétation. Cette opinion ne nous paraît pas admissible : souvent les plantes prennent un goût particulier analogue à celui des engrais ou du terrain qu'on leur a procuré : il faut donc qu'elles en aient sucé la substance la plus déliée.

De ce qu'une terre se refuse à produire constamment , avec succès, les mêmes plantes, on a été incité à croire et non sans beaucoup de vraisemblance, que cette cause provenait de l'épuisement des sucs nourriciers qui leur sont propres. Cependant il est présumable qu'un grand nombre d'elles se nourrissent des mêmes , ainsi qu'on le voit dans les animaux; le pain et la viande, par exemple, ne nourrissent-ils pas aussi bien le chien que l'homme? On greffe le poirier sur l'aubépin , et l'arbre de deux espèces se nourrit , dans ses diverses parties , infailliblement des mêmes substances : or , la plupart des plantes vivant des mêmes sucs, elles doivent également les épuiser. Ce n'est donc pas uniquement à ce prétendu épuisement de ceux qui seraient propres à chacune d'elles en particulier, qu'il faut attribuer ce refus de la terre à produire ou à faire végéter les mêmes plantes : il nous semble qu'on doit l'attribuer, en plus grande partie , à la portion ou à la destruction des racines qui restent dans le sol et qui sont un poison pour leurs analogues.

La plupart des plantes réclament , pour bien végéter , une nature particulière de terrain; mais elles réclament encore plus la position : le thym, par exemple, viendra très bien dans la riche terre des marais, si on la lui transporte sur une montagne, et les plantes aquatiques végéteront également bien dans la terre des montagnes si on en met dans les lieux humides ou près du niveau des eaux.

Les plantes ont autant besoin de la chaleur pour végéter, que les animaux pour vivre, et comme eux elles la réclament dans un degré différent : il en est qui ne peuvent végéter que dans la zone torride, et d'autres que dans la zone glaciale : presque toutes s'activent au printemps, et elles sont, dans les hivers, muettes, ou dans une sorte d'engourdissement, en quelque sorte semblable à celui qui surprend beaucoup d'êtres animés.

Les animaux peuvent prendre des alimens qui leur sont contraires : il en est de ces alimens qui les tuent presque d'une manière subite : d'autres corrompent seulement leur chyle, et ils les font languir plus ou moins, avant de pouvoir parvenir à leur destruction : les plantes peuvent être exposées aux mêmes inconvéniens : l'eau salée, par exemple, en fait périr promptement un grand nombre et nous en avons la preuve par leurs feuilles qui, dans ce cas, sont infectées de saumure. Malheureusement il nous est souvent impossible de juger les substances qui conviennent le mieux à la végétation des plantes, et mainte fois elles en doivent recevoir qui leur sont nuisibles, sans que nous puissions, faute de connaissance, les en garantir.

Parmi les maladies des arbres, il en est qui se manifestent par l'extravasion de la sève : dans ce cas on parvient quelquefois à les guérir par le retranchement des branches au-dessous des plaies : d'autres sont causées par l'existence de divers insectes. De petits vers rouges attaquent particulièrement les ormes : ils semblent y être attirés par une sève en souffrance : il en est de même à l'égard de beaucoup d'autres qui piquent différens arbres : lorsqu'ils laissent apercevoir leurs trous dans l'écorce, on peut les détruire, en les y écrasant avec une haleine qu'on y introduit : si les plaies sont grandes, il faut nécessairement les enlever au moyen de la pointe de la serpette avec laquelle on met à découvert toutes leurs retraites. Les cantharides attaquent les feuilles des lilas et des frênes; il n'y a de remède qu'en les faisant tomber. Quant aux chenilles il n'est pas rare de les voir ravager des forêts entières, en leur faisant perdre presque toute la pousse d'une année : après avoir ôté leurs nids, on peut, pour quelques arbres de choix, envelopper la circonférence du tronc et de leurs principales branches avec des cordes de crins qui, en piquant les chenilles, les obligent à la retraite. Mais l'échenillage qui est tant à recommander pour les jardins et les vergers, et qui réclame toute la puissance de l'autorité municipale, pour obliger les particuliers insoucians à le faire, est à peu près impossible pour les grandes masses de bois.

Le ver à hanneton qui vit trois ans en terre avant de se métamorphoser, est aussi très redoutable : dans les jeunes plantations, il ronge la racine des sujets, et il les fait périr : je l'ai vu, au commencement de ce siècle, en laisser à peine dans des hectares entiers des pépinières royales de Versailles soumis à mon inspection. Duhamel a pensé que le fumier contribuait à l'attirer : le fait peut être vrai; mais il n'existe pas moins dans les terrains qui n'ont point reçu d'engrais : ce ver fait peu de mal dans sa première année ; dans sa seconde, ses ravages se prolongent pendant tout le temps de la belle saison, et même jusqu'à presque la fin de l'automne, si le froid ne le force pas à descendre en terre pour passer l'hiver; alors il attaque même les fromens, et souvent ses désordres sont attribués aux gelées par le vulgaire, parce que la verdeur du blé lequel est en hiver sans mouvement de végétation et peu atteint par le soleil de faible influence dans cette saison, ne disparaît tout-à-fait qu'au printemps. Dans sa troisième année, le ver à hanneton continue d'attaquer les racines des plantes jusqu'a la fin de mai; après quoi il s'enfonce en terre, pour s'y métamorphoser et sortir au printemps suivant en état d'insecte parfait. Comme ce ver est très friand des racines tendres et laiteuses, on peut en détruire, dans les plantations, une grande quantité, en y semant des laitues : aussitôt qu'on voit le légume se faner, on est sûr

qu'il est attaqué par ce ver que la moindre fouille, avec un sarclet, vous fait
trouver à son pied.

Les gelées peuvent causer un très grand
mal au corps des arbres. Les hivers de
1709, de 1740, et de 1788, leur ont fait,
surtout dans les noyers et dans les chênes, des plaies de gélivures mortelles, ou
qu'on trouve encore quelquefois dans
ceux qui y ont survécu. Les fortes gelées
attaquent particulièrement les arbres qui,
pouvant y être sensibles, sont situés vers
le nord sur les pentes des montagnes et
des collines, et c'est sans doute par la
désorganisation de la liqueur séveuse qui
se trouve dans les vaisseaux du bois et
particulièrement du liber. Des gelées
quelquefois très peu fortes attaquent, à
la fin de l'hiver, les arbres situés vers le
midi. A cette époque le soleil échauffe la
sève, et la met en mouvement : survient-
il un froid subit ? la liqueur séveuse se
trouve encore promptement désorgani-
sée, et les arbres frappés de gélivures qui
les gâtent pour toujours. Les jeunes
pousses de plusieurs arbres, tels que les
chênes, les châtaigniers, les frênes, et
surtout la vigne, sont attaquées au prin-

temps, et surtout lorsqu'elles sont situées à l'est, par les gelées blanches : dans ce cas, si le soleil ne sort des nuages que quelques heures après son lever, laissant à la glace le temps de fondre tout doucement, il n'arrive point d'accidens. Le dégel au contraire se fait-il trop subitement, il semble que le mouvement de la sève arrêté par le froid ne se rétablit que par une secousse qui en rompt les vaisseaux. Alors la sève s'évapore, et les pousses, comme le dit Duhamel, qui étaient vertes et succulentes, deviennent en très peu de temps meurtries, noires et desséchées.

Sur notre exposé à l'égard des gélivures, on doit voir qu'il n'y a guère de moyen d'en garantir les arbres et les bois déjà existans; mais que dans les plantations à effectuer, il faut choisir, pour les arbres tendres redoutant les gelées, des positions où elles soient peu capables de leur nuire : on peut aussi les abriter par quelques autres plantations d'arbres plus durs qui puissent les couvrir en recevant la première et la plus forte impression du froid. De grands coups de soleil attaquent aussi quelquefois l'écorce des arbres, et produisent dans leur corps ligneux le même effet que les ge-lées. On doit croire que les arbres aux-quels on a fait des plaies, soit par les élagages, soit par le retranchement de la tige et de l'extrémité des racines, sont plus susceptibles de gélivures que ceux qui sont déjà en place, bien repris de racines, et sans aucune entaille sur le corps : or il vaut mieux pour tous les arbres qui peuvent redouter le froid et les verglas ne les élaguer ou ne les planter qu'au printemps. Nous avons toujours suivi cette marche et nous nous en sommes très bien trouvés.

CHAPITRE III.

Des semences, des regarnis et des plantations des Bois.

Ce ne sont par les meilleurs terrains, si on en excepte les avenues et les voies publiques, qu'on peut consacrer à la croissance des bois : il leur faut choisir ceux qui sont peu convenables à la culture rurale. Ces espèces de sols sont assez abondans, en France, pour espérer qu'avec le zèle des citoyens, pour planter et améliorer, ils produiront toujours le bois qui peut être absorbé par la consommation.

Dans la culture rurale, la couche de terre superficielle est la première chose à considérer par le cultivateur, parce que celle du fond ne joue toujours que le second rôle dans les phénomènes de la végétation des plantes herbacées. Dans la culture forestière, ce qu'il faut d'abord examiner, c'est au contraire le fond du sol, parce que c'est lui qui procure aux racines des arbres leur principale nourriture. Nous remarquerons que c'est en-core un des grands bienfaits de la Pro-vidence, puisque si les sols ne sont point propres à la culture des fromens et des autres végétaux berbacés, ils le sont or-dinairement à la plantation du bois qui n'est pas moins utile.

Il n'est rien dans ce monde qui ne soit sujet au changement; et l'industrie et les besoins qui existent aujourd'hui dans une localité, peuvent s'en éloigner en peu d'années, et se montrer dans un autre canton. Ces instabilités de la vie humaine qui tiennent souvent à des circonstances particulières, et souvent à de simples ha-sards, sont aussi difficiles à prévoir qu'à commander. Cependant tout propriétaire bon père de famille qui prend la patrioti-que détermination de planter des bois, doit considérer les espèces d'arbres qui peuvent croître dans son terrain, et dont le débit est le plus avantageux dans son pays. Si dans quelques parcs et jardins on peut se permettre quelque chose pour le pur agrément, dans tous les autres cas, on ne doit point perdre de vue qu'il ne faut considérer que l'utilité et le profit.

Un fond glaiseux, graveleux et froid,

si commun au centre de la France, et
notamment dans la Sologne, convient
aux bouleaux, aux marsaults, aux châtaigniers, aux frênes, aux chênes, et
à tous les peupliers, excepté à celui
d'Italie qui n'y végète pas bien si l'humidité abonde trop à son pied en hiver.
Un fond à sable gras peut convenir aux
chênes, aux hêtres, aux châtaigniers,
aux charmes, aux ormes, aux mûriers
et aux sapins. La glaise trop pure n'est
pas favorable aux châtaigniers et à beaucoup d'autres arbres dont les racines ne
peuvent que difficilement la pénétrer.
De tous les arbres résineux, les pins sont
ceux qui s'accommodent le mieux des sables qui approchent le plus d'une aridité
complète : on en voit aussi d'assez belles
forêts dans des lieux tels que les Pyrénées, les montagnes des environs du Puy-
en-Velay, à sol sans fond reposant sur
la roche. Le tulipier, arbre admirable
par ses fleurs, et précieux par ses
planches à teinte jaunâtre, et qui se pro-
pagera sans doute en France, demande
les terres franches et peu humides :
dans l'Amérique septentrionale on le
trouve mainte fois, suivant le rapport des

voyageurs, sur les bords des ruisseaux. Quant à l'acacia qui a eu tant de prôneurs, et si peu de vrais appréciateurs chez nous, il ne doit pas être recommandé : dans les terrains qui ne sont pas très excellens, il n'y produit, dans ses premières pousses, qu'une végétation trompeuse et qui s'arrête bientôt : il vient, dans les avenues, d'une force très médiocre ; il y est d'ailleurs facilement brisé par les vents ; et dans les taillis, le défaut de grand air le fait périr en peu d'années.

Des couches superficielles de terre sans épaisseur qui reposent sur des tufs ou bancs calcaires, ne conviennent qu'à des bois dont les racines ne s'enfoncent que très peu, tels que la marsault, le bouleau, le charme, l'érable champêtre. Il existe une variété de chêne rouvre à écorce noirâtre, grosse, raboteuse et sèche qui s'accomode aussi très bien de ces sortes de terres : on en trouve en quantité dans l'ancienne province de Berri : plusieurs personnes assurent, avec beaucoup de vraisemblance, que c'est au charbon de cette espèce de bois, qui au reste ne donne que de petite charpente, que les forges du pays qui en emploient pour la fonte du minerai, doivent la bonne et si rare qualité liante et maléable de leurs fers.

Il faut observer que les bois, dans les terrains à sol peu profond, doivent être tenus en taillis, et aménagés à court terme, si on veut les conserver bien plantés, et en tirer tout le profit dont ils sont susceptibles. Il semble que, dans ces positions, les racines ne pouvant fournir assez de sève pour nourrir de fortes tiges et de grandes branches, et qu'étant altérées par une trop forte transpiration de celles-ci, le recépage est le seul moyen de leur rendre de la force et de la vigueur. Les sols sans fonds ne conviennent donc nullement à la production de la futaie-pleine, et on devrait toujours renoncer à en former, lorsqu'on n'a pas des bois sur un terrain ou les racines trouvent, pour s'étendre, une profondeur de quatre-vingt à cent vingt centimètres: autrement on les voit périr, et ne donner que de très médiocres charpentes. L'exemple n'en est pas rare, même dans plusieurs domaines de la couronne, et notamment dans la forêt de Fontainebleau. Néanmoins dans les avenues où l'air est plus libre, et où les racines ne sont pas exposées à se dévorer réciproquement la substance de la terre, on peut y planter des arbres à grande taille qui pivotent et tracent beaucoup en même temps, tels que le noyer et l'orme : on voit souvent le premier y végéter d'autant mieux qu'il sait y ouvrir, à ses racines, comme nous l'avons déjà dit, des passages entre les rochers.

Dans les terrains très frais, à fond sourceux, qui s'annoncent ordinairement par la végétation des joncs, des persicaires et d'autres herbes demi-aquatiques, il faut planter entre autres arbres, des aulnes, des saules et des peupliers. Le frêne, celui de tous les arbres durs qui s'accommode, comme l'ypréau, d'un plus grand nombre de terrains, puisqu'on le voit souvent végéter dans les plus secs, vient aussi dans beaucoup de lieux très frais : il n'est pas rare d'en voir, d'une admirable végétation, partager avec les aulnes des fonds très humides, pour peu qu'il y ait un mélange de sable terreux.

Tout sol, de quelque nature qu'il soit, qui ne s'élève que de trois à quatre pieds au-dessus des eaux sourceuses, convient à presque tous les arbres. Mais il en est peu de cette nature qu'on puisse leur consacrer.

Après l'examen des qualités intrinsè-
ques des terrains, il faut, pour les arbres, suivant leur nature, considérer
la position atmosphérique. On n'exposera pas les arbres sensibles aux gelées,
tels que les noyers sur les pentes des montagnes vers le nord, ni sur leur sommet
où l'intensité du froid est considérable.
Le septentrion qui peut conserver quelque humidité, pour le rafraîchissement
des racines, n'excite pas ordinairement assez la transpiration des plantes pour
beaucoup les épuiser : sous ce rapport il
leur est donc favorable : néanmoins on
n'y exposera que les arbres originaires
de la zône glaciale ; tels que les bouleaux,
les sapins, et tous ceux qu'on sait pouvoir résister aux rudes verglas des hivers.
Au levant on ne confiera pas des arbres
dont la végétation hâtive est très sensible
aux gelées blanches du printemps ; au
midi, à moins qu'on ait un fond glaiseux
qui retienne de l'humidité pour les racines, on n'admettra point ceux qui redoutent la grande sécheresse, et au cou-
chant ceux qui sont sujets à être éclatés
par les grands vents.

Notez qu'il n'est pas rare de voir des

montagnes présenter, sur leurs différentes faces, et sur leur plus ou moins d'élévation, les températures de plusieurs climats : on voit même des lieux, sans élévation remarquable, et surtout sur les côtes de la mer, vers le midi, faire végéter des arbres qui ne peuvent ailleurs supporter des climats bien plus rapprochés de la ligne équinoxiale : il semble que, dans ces positions, l'eau océane, se refroidissant avec lenteur ainsi que l'air qui la couvre, paralyse le froid du nord qui passe par-dessus les continens.

Quelques arbres peuvent s'acclimater. Nous voyons, par exemple, le rosier du Bengale, qui ne pouvait d'abord résister en hiver chez nous, que dans des serres chaudes ou très tempérées, supporter maintenant, en pleine terre, sept ou huit degrés de froid de réaumur ; mais des faits semblables ne se remarquent que très rarement, et nous ne voyons pas que nos châtaigniers, nos noyers, nos chênes soient plus durs au froid que ceux qui ont été détruits par l'hiver de 1709, puisque celui de 1788 en a détruit aussi un grand nombre, et nous a menacés de les faire disparaître de tous les lieux où la gelée peut agir très fortement.

Voulez-vous entreprendre des semis d'arbres ? occupez-vous d'abord d'un choix de belles semences parvenues au plus haut degré possible de maturité : non pas qu'on doive choisir, lorsqu'on n'a en vue que la force du bois, celles des arbres du même genre qui donnent les plus grosses : car elles ne sont pas toujours dans le rapport de la grandeur et de la force de la végétation. Beaucoup de petites noix, de petites châtaignes, et des glands de grosseur moyenne, donnent les plus beaux corps de noyers, les châtaigniers les mieux filés, et les chênes desquels on tire la plus belle charpente.

Les semences, étant plus ou moins menues, plus ou moins grosses, tenant plus ou moins sur les arbres, veulent être cueillies de diverses manières. Pour les glands, lorsqu'ils sont mûrs, il est convenable de faire secouer très légèrement les chênes qui en sont garnis, et de les ramasser à la main : leur belle couleur à reflet un peu jaunâtre renibruni indique ceux de bonne qualité. Pour les ormes, les frênes et beaucoup d'autres, vous pouvez nettoyer l'emplacement qu'ils couvrent, ramasser leur semence au balai, et ensuite la passer au crible. Les graines à capsules ou gousses, pour l'ordinaire disposées à s'échapper de leur enveloppe, doivent être cueillies à la main. C'est de la même manière qu'on peut se procurer les graines du charme, du bouleau, des érables et de tous les bois qui peuvent le permettre avec quelque possibilité. Dans les arbres verts, on doit distinguer les cônes qui sont bien garnis de bonnes graines, et qu'on trouve ordinairement à l'extrémité des branches, à l'endroit de la nouvelle pousse remarquable par les nœuds et les dernières branches latérales. Les cônes étant cueillis, vous les exposez à la rosée et au soleil ; alors ils s'ouvrent, et les graines s'en détachent avec facilité. Quelques pépiniéristes les exposent à la chaleur du four ; elle a l'inconvénient de dessécher le germe des graines et de leur ôter la puissance germinative. Pour la graine du platane, il faut avoir l'attention d'en extraire le duvet, car la disposition de celui-ci à pomper l'humidité peut les faire moisir. La plupart des graines renfermées dans des cosses peuvent être battues ou secouées avec un bâton pour les en faire sortir : après quoi on les purge de paille, de poussière et d'autres impuretés, par le moyen du crible et du ventilateur. Il en est pourtant, telle que celle de l'arbre de Judée, qui se trouvent si fortement resserrées dans le raccornissement de la sorte de parchemin de leurs cosses, qu'il faut absolument les en faire sortir à la main. Dans les fruits à pepins, on en extrait les semences quand leur chair est à parfaite maturité, et, dans quelques-uns, lorsqu'elle est blette, ou lorsqu'elle a servi à faire du cidre ou d'autres boissons vineuses. Souvent on retire les pepins du marc des pressoirs : plusieurs pépiniéristes sèment même ce marc tel qu'il se trouve; alors il sert d'engrais à la germination des semences qu'il renferme.

Il est possible de semer à demeure des bois et d'en obtenir du succès; néanmoins, comme le plan de pépinière est un moyen plus sûr et d'une plus

prompte jouissance, c'est de la formation de celui-ci dont nous allons d'abord
nous entretenir.

On peut en général reprocher aux
pépiniéristes de ne point faire choix des
sols les plus convenables à la bonne constitution des arbres. Souvent on les voit
se placer, auprès des villes, dans des terrains trop substantiels, frais et quelquefois humides : ils en obtiennent à la vérité de beaux sujets; mais ces arbres
conviennent-ils aux acheteurs qui ne
peuvent les destiner qu'à garnir des terrains très inférieurs en qualité et en espèce? non, sans doute. Aussi tout propriétaire sage qui se dispose à faire de
grandes plantations, commencera-t-il toujours par former lui-même sa pépinière.
Il est douteux qu'il en éprouve un retard
véritable, car non-seulement il sera sûr
d'avoir des arbres bien conduits, ayant de
bonnes racines, il ne sera pas non plus
obligé de les faire voyager; et pouvant
les planter à l'instant même de leur ar-
rachi, la reprise en sera si prompte et si
belle, qu'elle rattrapera facilement le
temps qu'il aura employé à les former.

Le sol qui convient le mieux pour

une pépinière doit être, excepté pour quelques arbres à marécage, d'une nature un peu franche, plutôt sèche que fraîche. En général, on le défonce de deux pieds de profondeur. Quelques personnes ont pensé qu'il fallait choisir un mauvais terrain pour élever des arbres qu'on a dessein de transplanter ; c'est une erreur, aussi grande que de les élever dans des lieux riches de substances végétales et près du séjour des eaux. Ceux qu'on a élevés dans un sol mouillé sont rarement pourvus de bon chevelu ; ils ont une sève trop aqueuse, des tissus ligneux trop poreux, et si le printemps qui suit leur transplantation n'est pas très pluvieux, quoiqu'ils aient l'écorce lisse et claire qui annonce la bonne qualité, ils périssent en grand nombre, parce que leur sève est trop facile à se dessécher. Le sol est-il mauvais? ils y sont élevés misérablement, et n'y ayant pris que des formes rabougries, s'ils reprennent ensuite, dans un meilleur terrain, leurs pousses y sont toujours faibles pendant un grand nombre d'années. Au contraire, dans une pépinière dont le terrain est un peu sec et de bonne nature, le chevelu des arbres devient excellent, leur tissu ligneux serré, et leur sève bien nourrie : alors quand on les transplante, ils s'accommodent de toutes les espèces de sols, si ceux-ci ont été travaillés convenablement. Ne fumez jamais les pépinières; car le terreau ne produit qu'un mauvais chevelu, souvent ébouriffé, et des racines noires très difficiles à la reprise.

Les semis qui se font d'eux-mêmes, dans les bois et autres lieux, doivent guider dans les semis artificiels; ils nous démontrent que les petites graines, comme celles de l'orme, du bouleau, doivent être peu couvertes, et que les grosses, comme celles du chêne, du hêtre, du châtaignier, lèvent avec plus de succès lorsqu'elles sont plus enfoncées dans le sol : cependant il est rare que cette profondeur doive dépasser trois à quatre pouces.

Je ne crois pas qu'il existe, pour les plantations de bois destinés au combustible, aucune espèce d'arbre plus avantageuse que le bouleau. Cette espèce est, de tous les bois blancs, celle qui a, pour le foyer et pour la confection du charbon, les meilleures qualités. Les billes du pied de la souche valent presque autant que celles du chêne. Après le bouleau, on doit, dans un degré de qualité inférieure, considérer la grande marsault à cause de l'abondance de son produit. Ces deux espèces reprennent très facilement en terre meuble; elles poussent très vite; elles conviennent à presque tous les sols, et elles protégent tous les autres plants et semis des meilleurs arbres qu'on peut mêler parmi elles, tels que les hêtres, les chênes, dont le produit se fait toujours attendre pendant un plus grand nombre d'années; mais qui peuvent les remplacer un jour quand les souches du bouleau et de la marsault ont parcouru le cercle entier de leur végétation, et que le terrain est fatigué d'en produire.

Voulez-vous obtenir des succès dans les semis de bouleau? il faut à l'automne, aussitôt qu'on a cueilli la graine, la répandre dans la pépinière sur des planches bien dressées en terre meuble et douce, la couvrir de quelque demi-ligne de terreau usé, si on en possède, et de mousse divisée très menue. Tâchez que les planches soient un peu ombragées du soleil de midi par quelques arbres. Au moment de la germination et du développement de la radicule et des feuilles séminales, fait-il un très-grand hâle? il est important d'avoir recours à l'arrosage. Avec ces soins qui exigent peu de dépense, et d'une facile exécution, le succès n'en peut être douteux. Une planche d'un are peut donner au moins dix à douze milliers de plants, après l'éclairci nécessaire qu'on en fait, lorsqu'ayant acquis un pouce ou deux d'élévation, on leur donne un sarclage qu'ils réclament nécessairement. La première année on peut choisir les brins qui se sont élevés au-dessus des autres, et les placer de suite dans des plantations de bois; tous les autres doivent être relevés, et après le pivôt retranché, remis en pépinière pendant deux ans, espacés à quatre pouces dans des lignes d'environ huit à neuf de largeur: ce qui fait qu'on en peut placer près de quatre mille dans un are, quantité suffisante pour la plantation d'un hectare de plein bois, si on ne la mélangeait pas.

Dans les taillis où le bouleau est commun, on y trouve ordinairement du plant en assez grande quantité. La graine du bouleau y lève à l'ombre et sous la mousse. Voulez-vous en faciliter la levée, ainsi que celle de beaucoup d'autres espèces d'arbres, tels que des marsaults, des charmes, des saules, des érables? défoncez d'environ un tiers de mètre de petites bandes de terrain à peu de distance des sujets qui produisent la graine; rendez-en la terre meuble, passez-la au rateau fin, couvrez-la légèrement de mousse, et soyez assuré, à moins d'un trop fort ombrage, que les semences que les vents y porteront lèveront tout aussi bien que dans la pépinière.

Notez que le bouleau, quoique originaire de la zône glaciale, est souvent, comme l'orme, détruit dans ses racines au grand air, par les moindres gelées; il a aussi la plus grande disposition à se dessécher et à s'échauffer quand on en fait des paquets pour le transporter. Or on ne peut trop recommander, pour être assuré de sa reprise, de replanter chaque jour, lorsque cela est possible, ce qui en a été arraché, ayant soin encore, pendant qu'on plante, de le tenir à l'ombre et à la fraîcheur.

Les semis d'orme dont la graine se récolte au printemps, doivent, comme ceux de presque tous les arbres qui l'ont très petite, se faire aussi au moment de la récolte; et, quoiqu'ils ne demandent pas autant d'attention que ceux du bouleau, le procédé d'exécution en est à peu près le même. Nous avons semé de la graine d'orme parmi des céréales qui ont procuré à sa végétation un ombrage salutaire, et l'année suivante nous avons trouvé son plant assez bien conditionné pour le relever et le mettre en pépinière.

Les semences qui sont grosses et qu'on peut diviser en farineuses, comme les glands et les châtaignes; en huileuses, comme les fênes et les noix; en résineuses, comme celles de plusieurs arbres verts, peuvent être enfouies au moment de la récolte. On a pourtant à redouter la voracité d'une foule d'animaux qui s'en nourrissent : les corbeaux et d'autres volatiles peuvent, avec leurs becs, les arracher des plantations; les mulots peuvent les manger en terre; l'humidité et le froid de l'hiver peuvent les détruire et faire pourrir leur germe. Pour parer à ces inconvéniens, on les stratifie et on ne les sème qu'à la fin de l'hiver.

La stratification des graines exige un local au **rez-de-chaussée**, où la gelée ne puisse pénétrer; et lorsqu'on s'est procuré du sable frais et bien sec, on met, dans des caisses ou sur le plancher, un lit de graine sur un lit de sable d'environ un pouce d'épaisseur; on espace les graines afin qu'elles ne se touchent pas, et on continue de même jusqu'à la hauteur de plusieurs pieds. Comme la température de l'hiver est sujette à de grandes variations, la germination peut s'effectuer quelquefois avec trop de promptitude, et d'autres fois rester pour ainsi dire engourdie, et surtout celles des noix et des amandes qui ont une grande dureté. Les trouve-t-on intactes et sans apparence de disposition à germer? on peut, vers le mois de février, donner un peu d'humidité au sable en l'arrosant; et, après avoir remanié le tout, on le remet dans le même ordre. Si, au contraire, les graines plus tendres, tels que les glands, ont une trop grande disposition à germer, on choisit, pour en arrêter le développement, quelques beaux jours d'un air sec, et l'on remanie aussi le sable et la semence en la changeant de place.

Les semences qu'on fait venir de loin peuvent, pour le transport, être stratifiées. Des personnes ont préféré faire usage du vernis, afin d'empêcher que l'eau de végétation s'évaporât des semences, et qu'elles perdissent leur faculté germinative. Elles en ont été très rarement satifaites : la liqueur séveuse, comprimée et privée d'air, a souvent, dans ce cas, fait moisir et pourrir les graines ; d'autres fois le vernis, en se communiquant à l'eau végétale des semences, les a également altérées. On n'a rien pratiqué de mieux, pour les envoyer au loin, que de les déposer couche par couche, sur de la mousse fraîche ramassée sans humidité par un temps sec.

Plusieurs cultivateurs, n'ayant point de local particulier pour stratifier les semences, se contentent de les mettre dans des fosses, sur des lits de sable ou de terre très sèche, surmontées de buttes bien frappées, afin de faire couler l'eau pluviale dessus. Dans ce cas, il est convenable de ne buter qu'après avoir mis, au milieu de la terre de la couverture, et aussi à l'entour des fosses, un lit d'ajonc ou d'autres arbustes très épineux, et aussi à !'entour des fosses, afin d'en écarter les mulots qui pourraient faire leur proie des graines, et des taupes qui, par leurs terriers, pourraient les faire inonder de pluie.

Plusieurs semences, telles que celles du frêne et de l'aubépine, ne lèvent souvent, dans les pépinières, qu'à la seconde année, et c'est infailliblement parce qu'elles ont éprouvé, après avoir été cueillies ou ramassées, un commencement de dessication qui en a trop resserré le germe. La stratification faite peu après la récolte remédie à cet inconvénient : il est rare qu'après cette opération elles ne lèvent pas dès la première année.

Pour planter les glands dans une pépinière, il est convenable d'ouvrir des rigoles de quatre pouces en quatre pouces, ayant une profondeur semblable, dans un terrain bien défoncé. On y place, dans le fond, les glands à trois pouces de distance les uns des autres, et l'on recouvre les rigoles avec un petit rateau. Diverses personnes les plantent à la cheville. Quel que soit le moyen, la terre où on les place doit être saine et meuble, et sans disposition à se coller et à faire mortier. Il faut donc faire attention, si on fait usage du plantoir, qu'il ne corroie pas la terre dans laquelle on l'enfonce, et qu'il n'empêche pas que la semence ne soit enveloppée d'une terre très divisée. Assez souvent il la pétrit, et c'est ce qui devrait le faire proscrire du jardinage. Il convient encore de ne point le ficher trop avant; car si la graine s'enfonçait dans son trou au-delà de quatre à cinq pouces, il pourrait arriver qu'elle ne lèverait point ou qu'elle lèverait difficilement. Dans ce cas, il n'est pas rare de lui voir développer sa radicule, tandis que son jet ligneux meurt faute de pouvoir percer une couche de terre trop épaisse, et d'atteindre assez promptement l'air de l'atmosphère. Quand les glands, ayant été stratifiés, ont la radicule grandement développée, quelques pépiniéristes, en les plantant, en retranchent le petit bout, et alors les arbres qui en naissent se trouvent sans pivot; ils prennent de suite un bon chevelu et de belles racines latérales.

D'après la disposition que nous don-
nons aux semences du chêne espacées
de trois pouces dans des rigoles espacées
d'un pouce de plus les unes des autres
(disposition qu'on peut appliquer à celle
de tous les arbres qui en produisent d'une
grosseur approchante), il en doit contenir
au moins dix mille par are, et en supposant seulement que les trois quarts
viennent à bien, ce qui est infaillible
quand l'opération est faite avec les soins
convenables, c'est autant qu'il en faut
pour planter un hectare et demi de plein
bois, si on voulait les garnir de la même
essence : ce que nous ne conseillons pour
aucune espèce d'arbre, aux personnes
qui veulent planter des bois à perpétuité;
par la raison, qu'en plantant ensemble
diverses essences, elles prennent avec le
temps, lorsque leurs souches périssent,
la place les unes des autres successivement, et qu'alors les bois entremêlés de
plant de bonne nature dont les débris
se fournissent tour à tour des engrais,
ne sont pas exposés à se dégarnir : leurs
cépées y sont même plus vigoureuses :
voyez surtout celles du chêne dans les taillis mêlés; combien y sont-elles plus fortes

que dans les bois qui en sont composés exclusivement!

Dans la plupart des arbres à grosses semences, et surtout s'ils sont sujets à un pivot peu garni de racines latérales, ou ne doit point tirer, dans une pépinière, du plant d'un semis de l'année, pour être de suite mis en place dans les bois. Il convient de relever tout ce plant, après l'année de sa première pousse, de retrancher l'extrémité de son pivot, et de le remettre dans la pépinière, à l'espace déjà indiqué au sujet du bouleau pour cette première transplantation : deux ans après on le trouve, comme ce dernier, avec un bel empatement de racines qui en assure la reprise dans toutes les plantations à demeure, quand on les fait avec les soins qu'elles exigent.

Quelques amateurs de culture ont proposé, pour n'avoir point à relever le plant, et pour l'empêcher de pivoter, de faire les semis dans des sols peu profonds, et dont la couche de dessous soit impénétrable aux racines : on a aussi proposé, de mettre dans un terrain bien défoncé des tuileaux ou autres carreaux de terre cuite à la profondeur où on veut.

arrêter le pivot; ce serait un procédé dispendieux, et il ne vaudrait pas une bonne transplantation.

Nous avons dit que les semis d'arbres dans une pépinière, doivent être, aussitôt après leur naissance, sarclés et éclaircis; nous ajouterons qu'après leur transplantation dont le but est d'arrêter le pivot, il faut les biner, en forme de petits labours, au moins trois fois par an, avec des binettes à lame étroite, pour passer entre les rangées, sans endommager les tiges qu'il faut ménager avec le plus grand soin.

Des agronomes d'un mérite incontestable, ont mis en doute qu'on pût impunément retrancher, à sa naissance, le pivot des arbres. Nul doute que ceux qui ont un fort pivot ne soient plus en état de résister aux grands vents : mais croire que ce pivot soit indispensable pour leur faire pomper leur nourriture, c'est une erreur. Le pivot s'enfonce toujours dans une terre ou médiocre ou mauvaise, et il est peu exposé au bienfait des pluies: aussi si l'on examine les racines d'un arbre (fig. 8), on trouve toujours que celles latérales ont pris d'autant plus de force et de développement, qu'elles sont près de la surface, et d'autant moins qu'elles se rapprochent du bout du pivot: les arbres auxquels on ne l'a point retranché, exigent des soins très particuliers; ils sont souvent rebelles à la reprise, et lorsqu'on est parvenu à les faire végéter, il n'est pas vrai qu'ils acquièrent plus de développement que ceux qui en ont été privés, si les racines latérales de ces derniers ont été bien formées dans la pépinière. Depuis vingt-cinq ans, nous avons observé dans les nombreuses plantations que nous avons fait exécuter, que tous les arbres sans pivot, s'ils sont garnis de bonnes racines latérales, déterminées par l'art du pépiniériste, prennent bientôt toute la force nécessaire pour suppléer avec avantage, contre les vents, à la puissance du pivot. Nous avons aussi remarqué que, lorsqu'on plante des arbres trop avant dans la terre, souvent leur reprise est très lente, et que leur sève ne prend de l'activité qu'après qu'ils ont eu le temps de se former de nouvelles racines plus élevées et plus rapprochées de l'atmosphère : c'est encore une preuve de la faible influence du pivot sur la végétation.

Dans la formation d'une pépinière, pour planter des bois, après les semis, on peut aussi avoir recours aux drageons, aux boutures, aux marcottes, et même à la greffe, quand on a besoin surtout de conserver des variétés précieuses.

Désirez-vous obtenir, par exemple, des drageons d'ormes tortillards, s'ils ont peu de disposition à en produire ? faites une tranchée à deux ou trois mètres de leur pied ; alors les racines, coupées de l'un et de l'autre côté de la tranchée, vous en donneront infailliblement, surtout si vous couvrez ces coupures d'un peu de terre. Les drageons ont-ils quelques racines ? vous les arrachez et vous les portez à la pépinière : le même procédé est applicable à beaucoup d'autres arbres.

Tous les peupliers, les marsaults, les saules, les platanes, l'if, et grand nombre d'autres arbres dont la plupart ne concernent que les parcs d'agrément, peuvent se reproduire par les boutures. Dans celles-ci, comme dans les drageons et les marcottes, il n'y a jamais de pivot à retrancher, et le plant n'a pas besoin d'être retransplanté dans la pépinière.

Lorsqu'on veut faire un plant de boutures, il n'est pas inutile de le garantir, par des paillassons ou d'autres légères palissades, des grandes ardeurs du soleil, afin de donner le temps à leurs racines de se former assez, pour pouvoir suffire à la transpiration de leur feuillage. Dans les espèces d'une reprise difficile, il convient souvent, pour attirer aux racines une plus grande quantité de sève descendante, de conserver à leur pied deux ou trois yeux de bois de deux ans, si le jet principal est de la pousse d'une année: c'est ce que dans la vigne on nomme crossette. Dans les espèces très difficiles à faire reprendre, on peut encore, au printemps qui précède la coupure des branches destinées aux boutures, les forcer, par une ligature (en rejetant toutefois le fil de laiton dont l'oxide est un poison mortel pour les plantes comme pour l'homme), à produire un bourrelet: on les détache ensuite au-dessous, et ce bourrelet, dans lequel la sève a pris une forte direction, étant placé en terre, a souvent plus de disposition qu'une branche simple à s'enraciner.

Dans le procédé des marcottes, qu'on emploie principalement pour le tilleul, il est important, si le terrain n'est pas un peu frais, de tenir le pied des mères dans un petit enfoncement : alors on a plus de facilité à enterrer leurs branches. Destinez-vous un arbre à produire des marcottes? vous le coupez rez terre, et lorsqu'il a poussé des jets de deux à trois pieds de hauteur, vous couvrez de terre la souche, et vous couchez auprès ses jeunes tiges, en laissant en dehors leurs sommités : un petit crochet de bois est quelquefois nécessaire pour retenir celles-ci : il faut avoir attention de ne point les casser en les ployant : néanmoins il n'est pas rare qu'un petit déchirement, ou une incision à leur écorce, les dispose à mieux produire des racines. Une mère bien ménagée, et remise à découvert toutes les fois qu'on lui fait pousser des tiges, peut donner tous les deux ou trois ans, pendant douze ou quinze, un assez grand nombre de sujets.

Pour obtenir des marcottes d'aulnes, d'oliviers ou de quelques autres arbres, on se contente quelquefois de couvrir de terre la souche d'une jeune cépée, et lorsque ses jets ont poussé des racines, vous les levez, en éclatant la souche dont une partie reste attachée à chacun d'eux : dans ce cas, dès que ceux-ci ont poussé, pendant quelques années, dans la pépinière, il convient de les relever, pour en extraire le bois de la vieille souche qui n'est plus qu'un obstacle à leur croissance.

Lorsqu'on destine le plant de la pépinière à faire des arbres de ligne, on choisit ceux-ci dans les sujets déjà bien enracinés de l'âge de trois ans environ : on les plante, en général, à un demi-mètre ou deux pieds, dans des lignes espacées au moins de cette dernière distance : ce qui permet d'en placer environ deux cent vingt-cinq par are. Le plant destiné aux arbres de ligne demande des soins très particuliers, pour produire une forte végétation et former de belles tiges : trois labours par an lui sont nécessaires : celui du printemps et celui de l'automne doivent avoir quatre à cinq pouces de profondeur : celui de l'été ne doit guère dépasser celle d'un binage. Lorsque les tiges, dans la première et dans la seconde année, prennent décidément une mauvaise direction, on y rémédie rarement à souhait par des tuteurs, et le meilleur moyen, est de les récéper pour en avoir de nouvelles.

Les arbres, pressés les uns par les autres, dans la pépinière, ont toujours quelque disposition à s'étioler, et surtout lorsqu'on les élague trop. Voulez-vous leur faire prendre du corps, et néanmoins porter la sève dans la tige? ne coupez d'abord, et successivement, que l'extrémité des branches latérales, et ne les ravalez complètement que l'année suivante.

Dès que la sève est arrêtée en automne, on se trouve bien de commencer, dans la pépinière, la plantation de tous les arbres qui se dépouillent de leurs feuilles en hiver, parce qu'alors on trouve toujours la terre plus saine, et plus facile à s'émietter pour bien couvrir les racines. Quant aux arbres qui conservent leurs feuilles, ils ne veulent être transplantés qu'au printemps, et même au moment du départ de la sève, parce que la succion de leurs racines, pouvant être arrêtée par la transplantation, ne pourrait suppléer à la transpiration des feuilles qui ne perdent jamais à cet égard, à moins de froid excessif, entièrement leur activité.

Les arbres de ligne sont bons à sortir de la pépinière, lorsqu'ils ont en général acquis six à neuf pouces de pourtour, à trois mètres environ de hauteur du tronc : il faut avoir eu le soin, avant leur dernière pousse en pépinière, d'avoir élagué leurs branches sur le tronc, afin que les plaies en soient bien cicatrisées avant l'arrachis. Ajoutons que toute personne qui, formant des avenues et autres plantations de lignes désire voir toujours ses arbres à peu près de la même force, doit, pendant quelques années, tenir des arbres en bâtardière qui aient une certaine grosseur, afin de suppléer à ceux qui viennent à manquer dans les lignes dejà plantées.

Après avoir décrit les principaux procédés de la formation d'une pépinière, il convient de nous occuper de la plantation des taillis.

Avez-vous un terrain très net, et sans de trop grandes inégalités? vous pouvez, après lui avoir donné tout l'égout possible relativement aux eaux pluviales et autres, par des fossés, qu'on doit ensuite tenir en bon état d'entretien, planter à la charrue, derrière un laboureur qui sache bien égaliser et dresser les sillons: on peut mettre, dans un sur quatre, du plant de quatre pieds en quatre pieds : il se trouve enterré par la nouvelle raie de la charrue : un ouvrier parcourt ensuite la plantation, afin de rémédier à celui qui serait à redresser ou dont les racines seraient mal couvertes.

Dans nos plantations de bois, nous avons mainte fois fait usage du moyen suivant, qui peut s'appliquer à presque tous les sols, excepté à ceux aquatiques qui au reste sont rarement destinés aux taillis. Nous commençons, quel que soit l'état du terrain net ou herbacé, par faire des raies ouvertes; c'est-à-dire que nous entamons, comme nous l'avons expliqué dans la culture rurale à la formation des billons, d'abord une raie, en renversant la terre à droite ; nous en ouvrons une autre à côté en rejetant la terre à gauche ; nous tâchons qu'il reste entre elles un siége non labouré de deux

pouces environ de largeur : de quatre
pieds en quatre pieds nous manœuvrons
tout notre champ de la même manière :
après ce premier travail, nous faisons
labourer à la bêche, sur huit pouces à
un pied de large et sur autant de profondeur, s'il est possible, dans le milieu
de chaque raie ouverte, et c'est dans ce
labour que nous plaçons notre plant à
quatre pieds de distance. A la première
année, deux ou trois binages, seulement,
dans la partie labourée à la bêche, peuvent suffire : à la deuxième, vous élar-
gissez un peu la partie binée, à la troisième vous binez tout le terrain, et vous
y détruisez toutes sortes d'herbes, et notamment le chiendent, s'il y en a à feuilles droites et larges qui, dans les plantations où il peut trouver de l'argile pour
se piéter, détruit tout ce qui l'avoisine.

Dans la replantation, après des arrachis de futaie ou essence de chêne, comme
le sol en est infailliblement fatigué, observez qu'il convient encore d'y mettre du
bouleau, et autres bois blancs, dans la
proportion au moins des deux tiers : alors
vous avez promptement un taillis : le
tiers du plant en bois durs s'empare avec

le temps du terrain, et peut permettre aux générations à venir de reformer de nouvelles futaies.

Un bois a-t-il trois ans de plantation? Vous le recépez, pour forcer les tiges à se transformer en cepées, ayant soin d'obliger les ouvriers d'être munis de bonnes serpes et serpettes, et d'appuyer le pied près de la souche, en coupant les tiges, afin de ne point l'ébranler. Si, pour avoir un taillis promptement profitable, vous n'avez planté, en très grande partie, que des bouleaux, des marsaults, et d'autres bois blancs d'une crue active, vous enterrez à la binette, immédiatement avant ou après le recépage, des glands, des châtaignes, des faînes etc., çà et là entre les rangées des bois blancs : ils y végètent à l'ombre du taillis, et ils y donnent la plus belle espérance pour l'avenir : car il ne faut pas se dissimuler que les souches des bois tendres ne peuvent avoir une longue durée : celles de la marsault ne vont guère au-delà d'une cinquantaine d'années, et celles du bouleau de soixante à quatre-vingts : il se fait de resemis ; mais à la longue le terrain s'en

fatigue : il y a donc nécessité d'y intercaler des bois durs.

Les taillis, plantés comme je viens de
le décrire, peuvent et doivent être abattus, n'étant encore composés en très
majeure partie que de bois blancs, dix
ans après le recépage et treize ans par
conséquent après la plantation. Dans les
bois que j'ai fait planter ainsi, dans le
département de l'Oise, ce premier abat
du taillis, d'ailleurs en assez mauvais sol
sablonneux, a donné, par hectare, deux
milliers de fagots serrés au chevalet sur
vingt-deux pouces de pourtour, et huit
cordes de billonnette pouvant faire chacune quatre voies ou huit hectolitres de
charbon. Ce produit qui démontre qu'à
tout âge on peut planter avec l'espérance de jouir, puisqu'il ne faut que
treize ans, est à peu près les deux tiers
de celui des abats à venir, jusqu'au temps
où les bois durs, ayant fortement pris le
dessus, on doit aménager à plus long
terme.

Les propriétaires qui veulent planter
en bois des pentes de montagnes ou de
collines, par la méthode des raies ouver-

tes, observeront qu'ils doivent établir leurs lignes de plantations parallèlement à la base de leur terrain, afin d'empêcher qu'il ne soit entraîné par les eaux pluviales, et d'en faciliter les labours.

J'ai vu, et je l'ai fait aussi moi-même, semer des châtaignes, des glands etc., dans des terres, sans leur donner d'autres soins, après le labour, que d'en écarter le bétail : dans ce cas j'en ferais répandre dans une raie de charrue sur quatre, une quarantaine de décalitres par hectare : les produits en sont très lents; néanmoins j'en ai formé de beaux taillis et j'en connais qui ont été semés de même sur les rives de la forêt de Senlis, lorsque j'étais jeune, qui forment aujourd'hui des taillis magnifiques, ayant déjà dépassé leur deuxième abat. Quand la terre est en bon état, on peut joindre, avec le semis du bois, un semis de céréales qui, dans l'été, protége les jeunes pousses du premier contre les ardeurs du soleil.

Après avoir coupé ou recépé des bruyères ou des genêts, quelques personnes se contentent d'y planter par un coup de pioche, des glands ou d'autres graines qui lèvent à l'ombre des repousses de la bruyère ; le succès, si la semence y a été fort multipliée, et si les bestiaux en sont rigoureusement écartés, en est rarement douteux : mais le bois y est excessivement long à croître, et l'on ne peut guère avoir d'espoir que de travailler pour ses enfans. Si, au lieu de bruyère qu'on reconnaît pour nuisible à la croissance des taillis, il se trouvait des genèvriers, on pourrait se dispenser de les couper : il suffirait d'enterrer de la semence à leur pied ; ils en protégent la levée, et surtout celle du chêne : c'est un fait qu'on peut remarquer dans toutes les forêts. On y voit aussi, dans ce cas, que les chênes bannissent leurs protecteurs dès qu'ils n'ont plus besoin de leurs secours.

Les pins, les sapins et les mélèses, qu'on peut semer et enterrer légèrement avec la herse, peuvent aussi s'accommoder de l'accompagnement des céréales et d'autres plantes, parce qu'ils ne lèvent ni ne végètent jamais bien sans ombrage : dans les sapinières on ne les voit jamais mieux lever que sous une mousse légère un peu couverte par l'ombre des autres arbres.

Observez que pour la plantation en grand des bois résineux, il n'y a guère d'autre espérance que le semis : le moyen des pépinières est difficile, à cause de la transplantation ; on ne peut aucunement retrancher de leurs racines : il n'y a que le mélèse qui puisse, à cet égard, souffrir quelque mutilation.

Le prix du bois, suivant les localités, détermine infailliblement le genre d'exécution dont on peut faire choix pour planter, puisque c'est ce prix qui peut faire retirer l'intérêt des dépenses avec plus ou moins d'avantage. Nous allons jeter un coup d'œil sur les dépenses, et nous les établirons sur les prix moyens du bois, et des journées d'ouvriers dans les divers départemens.

Le défoncement du terrain d'un hectare de pépinière, à deux tiers de mètre de profondeur, qui emploiera trois cents journées d'ouvriers, y compris les fossés de clôture et d'égout s'il en réclame, peut coûter quatre cent cinquante francs : le ramassage de la graine, qu'il faut semer, peut coûter cinquante francs ; le semis et les couvrailles, une somme pa-

reille à cette dernière ; le sarclage et l'é-
clairci de la première année du plant ,
peut coûter soixante-dix francs : l'arrachis et la transplantation au bout d'un
an , avec le labour que cette dernière
exige , cent cinquante francs : les frais
de binage de la première année de la
transplantation, quatre-vingt-dix francs :
une somme pareille pour ceux de la
deuxième et dernière : plus cent francs
pour l'arrachis et l'habillement des racines du plant , afin de le mettre en état
d'être employé dans les plantations de
bois à demeure : plus cent cinquante
francs pour le loyer de trois années du
terrain qu'il occupe : le total des dépenses , pour obtenir un hectare de plant ,
est donc de douze cents francs. Il donne ,
à raison de quatre mille par are , comme
il a été expliqué ci-dessus , quatre cents
milliers de plant : en supposant qu'il y
en ait un quart de rebut, il en reste encore trois cents milliers. Il coûte donc
quatre francs l'un; il en faut environ cinq
pour planter un hectare de bois : enfin
un millier est-il à regarnir, parce qu'il a
manqué à la reprise? c'est au plus six

milliers, et c'est par conséquent pour environ vingt-quatre francs qu'il en faut
par hectare.

Le premier labour, pour ouvrir les
raies, de quatre en quatre pieds, du terrain à planter en bois, peut coûter, par
hectare, douze francs : le labour à la bêche sur neuf pouces à un pied de largeur,
au centre des raies, sur lequel on plante,
tout en labourant, quarante francs ;
les trois binages de la première année, se
faisant sur peu de largeur, trente francs :
ceux de la seconde, soixante francs ; ceux
de la troisième cent francs : le recépage
de la plantation, à trois ans, avec les semis de glands, de châtaignes, etc., çà et là
entre les rangées, trente francs : le loyer
du terrain, quelque médiocre qu'il soit,
dont on est privé pendant trois ans, à
raison de douze francs par an, fait encore trente-six francs à ajouter à la dépense avec le prix du plant qui est de
vingt-quatre francs. Or un hectare bien
planté en bois coûtera environ trois cent
trente-deux francs.

Les premières coupes de l'aménagement, étant, comme nous l'avons rapporté ci-dessus, de huit cordes de billonnettes supposées façon déduite à douze francs cinquante centimes et de vingt centaines de fagots à dix francs, donneront un revenu, pour les dix ans de l'aménagement, de trois cents francs par hectare, et par conséquent de trente francs par année. Ce qui donne au fond une valeur de sept cent cinquante francs, non compris les espérances à venir dans la croissance du taillis, et de quelques arbres de haute tige qu'on a pu planter parmi, sans aucun inconvénient, surtout en ne dépassant pas le nombre de soixante à quatre-vingts par hectare. Enfin le terrain valait dans l'origine trois cents francs, il en a coûté à planter trois cent trente-deux, il vaut maintenant sept cent cinquante francs : il y a donc cent dix-huit francs de bénéfice avec la satisfaction d'avoir une belle propriété de la plus haute espérance.

Les prix que nous venons d'établir, ainsi que la valeur des terrains, sont sans doute sujets à des variations suivant les localités. Ne peuvent-ils guider totalement ? commencez vos opérations avec des ouvriers à la journée, surveillez-les pour vous assurer qu'ils emploient tout leur temps, et établissez vos prix sur ce qu'ils ont exécuté : alors vous vous fixerez positivement sur la dépense, vous ne serez point dupe, et vous serez sûr, en même temps, de satisfaire, avec équité, les entrepreneurs, avec lesquels d'ailleurs il faut faire des conditions très clairement expliquées, afin d'éviter toute chicane, et de n'avoir aucuns travaux d'une mauvaise exécution.

Nous avons recommandé d'écarter les bestiaux de tous les semis de bois : il n'est pas moins nécessaire d'en écarter le fauve et surtout les sangliers, s'il y en a dans le pays : les premiers, désireux du bois tendre, en dévoreraient les jeunes pousses, et les seconds culbuteraient tout le sol pour en tirer les vers et les semences : les lièvres ne sont pas moins à redouter, ils rongent l'extrémité des tiges, l'écorce de leur pied, et ils les font mourir : les lapins, fléau de toutes les productions agricoles, sont encore plus nuisibles aux plantations et aux taillis. Il faut donc faire une guerre à mort à tous ces animaux, ou renoncer à planter; à moins qu'on n'ait recours à des palis, pour clore les plantations : mais ils coûtent un grand

prix, au moins 1 fr. 50 c. et demi par mètre courant, s'ils sont en châtaignier ou en
cœur de chêne liés avec le fil de fer : ce sont
donc des moyens trop dispendieux pour
être entrepris ailleurs que dans les jardins
des gens opulens, ou dans les domaines
de la couronne qui ont la liste civile
pour subvenir aux dépenses excessives
de leur construction et de leur entretien.

Les oseraies, dont les vaniers, les jardiniers et les vignerons font un grand
usage, doivent-ils être considérés comme
des sortes de taillis? Enfin voulez-vous
établir une plantation d'osiers? labou-
rez profondément, nettoyez, et rendez
meuble le terrain : fichez ensuite, étant
coupées par le bas en bec de flûte, en
ayant soin que l'écorce ne se relève pas
sur le bois, des boutures étêtées, de la
grosseur du doigt, à deux pieds les unes
des autres, sur des lignes où elles se trouvent en échiquier, et sortant de terre
d'environ deux pouces. Les binages leur
sont d'absolue nécessité, pendant les trois
premières années; après quoi vous n'avez
plus à faire que des coupes annuelles,
avec un petit labour que beaucoup de
personnes se dispensent de donner.

Les saules, qui conviennent comme les oseraies et les aulnaies aux lieux humides, sont, pour les jardiniers et les vignerons, par leurs brindilles et leurs branches, d'un grand secours, principalement dans le palissage des arbres : à la rigueur leurs cepées, à l'âge de trois à quatre ans, peuvent aussi servir pour les cercles de tonneaux : ils sont médiocres comme bois à brûler : nonobstant, ils donnent du fagotage : leur plantation se fait pour l'ordinaire avec des plançons de dix à douze pieds de longueur, et de neuf à dix pouces au moins de circonférence : le mois de mars est l'époque la plus favorable pour les placer en terre à la profondeur de quinze à dix-huit pouces, et s'il n'y en a qu'une ligne, à trois mètres environ de distance : on les coupe par le bas, comme les boutures d'osier, en bec de flûte, et l'on a soin aussi, en les plantant, que l'écorce du pied ne se relève pas en se détachant du bois : pour l'éviter, souvent on ouvre la terre avec une grosse cheville de fer : elle a l'inconvénient que nous avons reproché au plantoir, de corroyer la terre à l'entour du trou ; il vaut mieux avoir recours à la bêche ou à la pioche pour faire aux plançons une ouverture en terre douce qu'on refoule un peu, avec le pied, pour les soutenir bien d'aplomb. Les saules donnent, si on le veut, d'assez beaux arbres, et des planches à layetier : ordinairement à une dizaine de pieds on les forme en têtards sur le haut desquels on fait des coupes tous les quatre ans. Lorsqu'on détache de la mère les plançons quelques semaines avant de les mettre en place, on les conserve le pied dans l'eau.

Observez très particulièrement la position, par rapport aux grands vents. Par exemple, exposez - vous des arbres sur le revers d'un fossé, faisant face à l'ouest d'où viennent les plus grandes tempêtes ? il convient de choisir ceux qui pivotent, et encore de les éloigner, autant qu'on le peut, du fossé ; car ne pouvant s'y piéter et y étendre leurs racines, les moindres efforts du vent peuvent les renverser.

Pour planter des arbres, le meilleur procédé, à moins qu'on n'ait un terrain à fond très excellent, est d'ouvrir, dans leurs lignes, des tranchées de cinq à six pieds de large sur un mètre à trente pouces de profondeur : on leur procure, par ce moyen, une grande masse de terre meuble, pour y étendre leurs racines, et les faire bien végéter. L'ouvrier qui est chargé de la défonce d'une tranchée, doit jeter au fond de la jauge la terre de la surface, et à la surface celle du fond : il est important de le bien surveiller, et de sonder son travail avant de le recevoir : car il pourrait vous tromper, et sur la largeur et sur la profondeur : aussi y a-t-il des propriétaires qui font jeter la terre sur le bord : celle du dessus d'un côté, et celle du dessous de l'autre, et ils ne les font remettre dans les tranchées qu'après les avoir vérifiées.

Quand on plante sur des tranchées, il suffit d'ouvrir des trous suffisans pour contenir les racines. En terrain non remué, les trous seront ouverts sur un carré d'au moins un mètre et demi : la profondeur doit être variable, suivant le sol, et la nature des arbres : en général il ne faut pas trop creuser, et surtout dans un sol à mauvais fond; car votre arbre s'y trouve comme dans un pot : ce fond est-il glaiseux ? les racines y pourrissent, par l'amas des eaux pluviales :

est-il à tuf ou à roche? ne pouvant pénétrer sur les côtés, elles sont obligées
de remonter à la surface, et elles ne produisent plus qu'un sujet languissant.

Les arbres doivent être arrachés de la
pépinière avec soin, pour leur conserver
leurs chevelus et leurs racines sans bles-
sures : le planteur rafraîchit, avec la
serpette, par une coupure nette et sans
bavure, leur extrémité; et après avoir
placé l'arbre dans le trou, sur une couche
de terre meuble, il l'enterre un pouce
environ au-dessus de la profondeur qu'il
avait dans la pépinière. Ajoutez qu'il faut
toujours placer la coupure de la tête, faite
en biseau, à l'opposé du soleil, de crainte
qu'il la dessèche et la fendille, et planter
par un beau temps, afin de trouver la
terre saine, très divisée, et en état de couvrir les racines sans laisser aucun vide
à l'entour. On ne saurait croire combien
la négligence qu'on apporte souvent, à
cet égard, fait mourir d'arbres dans les
plantations.

Les arbres sont-ils plantés? il faut les
soutenir d'aplomb, redresser avec soin
ceux que le vent ou autre cause aurait
fait pencher : en écarter les bestiaux, ou

les défendre de leur approche, en les couvrant de menues branches d'épine attachées avec des fils de fer ou avec des harts de bois durable, mais non avec le tortillage de cordons de paille, parce qu'il en attendrit trop l'écorce en la privant d'air : on a recommandé, lorsqu'ils sont faibles, de les soutenir par des tuteurs : il faut alors que ceux-ci soient de bon bois et solides par le pied ; car s'ils se cassent, ils deviennent une charge pour l'arbre au lieu d'en être le soutien. Le vent en agitant les arbres, peut aussi les faire blesser contre les tuteurs s'ils ne sont fortement liés et réunis ensemble. Ajoutez que malgré le soin qu'on peut apporter à mettre entre eux de la mousse ou autre corps doux, il se fait toujours quelque bourrelet ou quelque couture sur l'écorce de l'arbre à l'endroit des ligatures. Il faut donc tâcher d'avoir rarement besoin de ce secours.

Deux labourages au moins par an, l'un à l'automne, et l'autre au commencement du printemps, sont de rigueur pour les jeunes arbres, pendant sept à huit ans et plus, s'ils ne sont pas dans des champs où la culture rurale peut y suppléer. Les labours, en ouvrant la terre, facilitent la succion des racines, et peut-être servent-ils aussi au renouvellement d'un bon chevelu; en forçant le remplacement du vieux qu'ils détruisent.

La distance à mettre entre les arbres dépend de leur espèce, de la disposition de leurs branches et de leurs racines. Six à huit mètres, par exemple, sont convenables pour les ormes, les frênes, les platanes : dix au moins pour les noyers, les châtaigners, les chênes; cinq pour la plupart des peupliers.

Souvent les propriétaires qui possèdent de belles avenues dont les arbres sont parvenus à toute leur croissance, qui donnent de belles promenades, et un paysage admirablement ombragé, ne se déterminent pas sans peine à les faire abattre. Pour éviter d'en venir, à cet égard, à des regrets, on peut proposer la plantation d'avenues qu'on peut dire éternelles, sans qu'on doive se dispenser d'abattre les arbres, quand ils sont arrivés à leur terme profitable de croissance. Voici le moyen : c'est d'intercaler des bois tendres, entre des bois durs : choisit-on, parmi ces derniers, l'orme ou le frêne? on peut les espacer à douze mètres, et joindre deux peupliers dans l'interval-le: or tous les arbres se trouvent à quatre mètres. Supposons que les ormes mettent à croître soixante-quinze ans, et les peupliers quarante-cinq; aussitôt l'abat de ceux-ci, on les remplace par un orme pour deux; et alors tous les arbres se trouvent à six mètres; trente ans après on abat les premiers ormes ou frênes; on les remplace chacun par deux peupliers, et les arbres se trouvent encore espacés à quatre mètres. Les abats par-viennent-ils avec le temps à coïncider ensemble? On doit penser qu'il y a un remède très simple; c'est de reculer celui des uns ou des autres arbres, d'une dizaine d'années. Les avenues éternelles ont le désavantage de présenter toujours des arbres de deux âges, et par consé-quent maintefois d'inégale force; mais elles ont aussi leur côte recommandable: elles sont constamment garnies, et elles font que les arbres ne se retrouvent ja-mais dans la même place: celle-ci change de nécessité, par les plantations succes-sives de chaque espèce.

Dans des futaies qu'on veut conserver, il s'y trouve quelquefois des vides qu'on voudrait regarnir: les arbres les plus propres à remplir les désirs, à cet égard, sont les frênes, les ormes, quelques érables, et surtout les marronniers d'Inde; quant aux chênes et aux châtaigniers, il n'y faut point penser, et très peu aux peupliers, parce que l'ombrage des grands arbres les fait périr ou très mal végéter.

La forme du corps des arbres réclame des élagages; cette opération est une imitation de la nature, puisqu'ordinairement, à mesure que les arbres s'élèvent et prennent de la force, leurs branches, du bas meurent et sont remplacées par de nouvelles qui se forment dans leur hauteur. Les élagages demandent de l'attention, et ils doivent être faits avec prudence. Les paysans les étendent presque toujours au-delà du besoin; ils les font jusqu'à l'extrême cime; ils forcent alors les arbres à s'étioler; ils les exposent à être rompus par les vents, et à faire extravaser leur sève qui ne trouve pas assez de feuillage pour sa transpiration. Laissez donc toujours les arbres assez garnis de branches par le haut, et n'ôtez successivement, par le bas, que celles qui pourraient nuire au développement de leur corps qui ne doit s'élever que dans la proportion de sa force. En règle générale, l'élagage ne doit jamais s'étendre au-delà des deux tiers de la hauteur totale de l'arbre. Dans les futaies, et dans les taillis où on laisse des baliveaux, l'élagage est rarement nécessaire, parce que là les branches comprimées par celles des arbres voisins, ne prennent que peu d'étendue : mais dans les avenues, il est de rigueur : les arbres y étant plus isolés, leurs branches y jouissant de toute la liberté de l'air, acquerraient trop de volume, et elles absorberaient toute la sève qui doit être conservée pour la nourriture du tronc.

Tous les arbres, comme on doit le penser, s'élaguent aussi conformément à l'objet pour lequel on les destine. Par exemple, des châtaigniers, des noyers sont-ils élevés pour en tirer du fruit ? on doit leur conserver des branches en grand nombre, et très étendues : on leur donnera une forme contraire si on a en vue d'en tirer principalement du bois d'ouvrage : c'est dans ce dernier cas qu'ils sont du ressort de l'art forestier : dans l'autre, ayant pour but de beaux fruits et non du bois, ils rentrent entièrement dans l'art du pépiniériste, et de l'agriculteur champêtre duquel nous ne nous occupons point dans ce traité.

La sommité des arbres se termine maintefois par deux ou plusieurs branches d'égale force ou de force approchante, et l'élagueur, afin de ne point laisser la pièce de bois se diviser en fourche, ou devenir crochue, se trouve embarrassé sur le choix de celle à retrancher : dans ce cas il doit au plus tôt en arrêter une à quelque distance; et y attacher, comme on le voit, dans la fig. 9, celle qu'il faut redresser, et qu'il destine à prolonger le corps de l'arbre? Est-elle redressée? a-t-elle pris de la force? il retranche alors les autres tout-à-fait sur le tronc.

C'est dans leur jeunesse, et lorsqu'on n'a encore que de petites branches à couper, qu'on doit faire l'élagage des arbres; dans cet état, il en est peu qui ne puissent y être soumis : plus tard il y a de grands inconvéniens : les ormes sont de tous les végétaux ligneux ceux qui peuvent le mieux le supporter, et surtout lorsqu'on les destine au charronnage, parce que leurs fibres, dans les nœuds, reprennent facilement de la liaison. Dans les autres arbres, lorsque l'élagage n'est point fait à temps, et qu'on est forcé de couper de trop fortes branches, il arrive souvent que les plaies ne peuvent être refermées par les lèvres qui se forment dans la coupure : alors l'arbre pourrit, il devient creux, et impropre à la charpente et à tous les objets industriels. Au reste quand la plaie se refermerait après la coupure d'une grosse branche, le corps de l'arbre en est toujours plus ou moins altéré, parce qu'il s'y forme des nœuds et un défaut de solution de continuité dans les fibres ligneuses. Quand les arbres sont destinés à l'élagage, nous ne croyons pas qu'on doive opérer plus tard que tous les quatre à cinq ans, afin de n'avoir toujours que de faibles branches à couper, et que les plaies, peu larges, soient promptement recouvertes.

Nous avons parlé, au Traité de la Culture rurale, du mutilement hideux que, dans les avenues, sur les bords des chemins publics, et dans divers autres lieux, surtout auprès de Paris, et de toutes les grandes villes du royaume, on fait subir aux arbres, soit en les forçant à la forme cintrée ou d'éventail ou autre, avec le croissant, s oit en les *ébottant* à outrance avec la serpe ou la cognée, et nous nous bornerons ici à exprimer les regrets que nous éprouvons de voir pratiquer journellement une méthode aussi vicieuse, sans nous étendre davantage à cet égard, afin de ne point nous répéter.

CHAPITRE IV.

De la qualité des Bois.

Les bois, par rapport à leur usage, se divisent en trois genres: 1° en bois durs, comme celui du chêne, du châtaignier, de l'orme, du frêne, du charme, du hêtre, du noyer, des érables, du cormier, etc. : 2° en bois tendres , comme celui des peupliers, du bouleau, du tilleul, du saule, de l'aulne, du murier, du noisetier ou coudrier; tous pour l'ordinaire dénommés bois blancs , mais d'une manière impropre, puisqu'il y en a de cette couleur dans tous les genres : 3° en bois résineux , comme celui de tous les arbres verts, mélèses, pins et sapins : ce qui en donne au delà d'une vingtaine d'espèces principales, offrant, les unes et les autres, un plus ou moins grand nombre de variétés ou de sous-espéces. Le chêne est celui qui en offre le plus: on en compte, pour la France seulement, au-delà de vingt-cinq dont trois à quatre font l'ornement et la richesse de nos forêts.

La division des bois, en durs et tendres, provient de leur force, de leur densité, de leur porosité, de leur pesanteur, de leur effet plus ou moins prompt dans le foyer, et des différens degrés de chaleur qu'ils y produisent.

Les arbres sont, après l'écorce, composés, avons-nous dit, de bois de cœur et d'aubier: cette distinction, dans la contexture des fibres ligneuses, est très marquée dans le chêne, le plus utile et le plus précieux de tous nos bois. En fait d'ouvrage, l'aubier, dans cet arbre, est d'une très faible valeur, et tout prudent constructeur ne voudra jamais l'employer, s'il doit compter sur la durée de ses bâtimens. La décomposition de l'aubier est très prompte, et sa disposition à la vermoulure ne peut que nuire au bois de cœur auquel on le laisse attaché. Buffon, Duhamel et autres, ont cherché s'il n'y aurait pas un moyen de l'amener à acquérir artificiellement, et dans un temps voulu, une qualité semblable à celle du bois de cœur, ou au moins de lui donner plus de dureté, et de le défen-

dre contre la vermoulure et la décomposition. Ils ont imaginé d'écorcer au
printemps, les arbres, un an ou deux
avant de les abattre, et comme cet écorce-
ment ne les fait pas mourir de suite , ils
se persuadèrent que n'ayant point alors
de liber à nourrir, toute leur substance
séveuse se transporterait dans l'aubier.
Leur opération donnant un grande dureté
à cette dernière partie du bois , quoiqu'elle ne lui donne pas sensiblement du
poids, les a portés à croire qu'elle répon-
dait à leurs espérances , qu'elle donnait
même au bois un sixième de plus de
force, et qu'en conséquence, elle les avait
mis à même de rendre un grand service
à la société. En effet , elle devait faire
singulièrement augmenter la quantité du
bois de construction, puisque, dans le
chêne il y a toujours environ un tiers
d'aubier qui n'y est point propre. Malheureusement, abusés par de vaines ap-
parences, ils se sont trop pressés de pro-
noncer sur les résultats. La dureté qu'acquiert l'aubier du chêne écorcé sur pied
en terre, ne subsiste que pendant un petit nombre d'années, après lesquelles il
se décompose avec autant de prompti-

tude que celui des arbres qui ont été abattus avec leur écorce.

Plus les arbres sont jeunes , plus ils
contiennent d'aubier : pour en diminuer
la quantité, il est essentiel de les laisser prendre de l'âge. On doit croire,
puisque tout bois imparfait se transforme,
avec le temps , en bois de cœur, qu'il
convient même de reculer l'abat des arbres, jusqu'au temps où leur végétation
a cessé de donner des couches ligneuses
annuelles, ou au moins jusqu'après celui augmenté de quelques années, où
elles n'en donnent plus que de très faibles et de sensiblement apparentes : mais
souvent , lorsqu'ils sont arrivés au degré
d'âge nécessaire , pour le ralentissement
absolu ou tres marqué de leur grosseur ,
leur bois de cœur commence à s'altérer,
et à perdre de cette force, de ce liant, de
cette souplesse qui , dans un âge moins
avancé , est d'autant plus remarquable ,
qu'ils ont eu constamment une belle et active végétation. Il est de fait que tous les
arbres qui poussent mal et très lentement, ont souvent très peu d'aubier; mais
leur bois de cœur n'en a pas plus de qualité; il est toujours inférieur à celui des

arbres qui ont eu une prompte et belle croissance, et qui ont été abattus avant le ralentissement très marqué de leur végétation.

Il n'y a pas de meilleurs bois, surtout en essence de chêne, que ceux qui ont cru isolément dans les haies ou dans d'autres lieux analogues. Les chênes, dans ces positions, acquièrent, par le grand contact de l'air et des influences de l'atmosphère, de la dureté et de la force : ils s'y trouvent rarement roulés par les coups de vent, quoiqu'ils y soient plus exposés qu'ailleurs, et ils y résistent beaucoup mieux aux effets des grandes gelées et des verglas : on y en trouve rarement qui aient conservé des marques de gélivures, ou qui aient souffert du froid comme ceux des forêts : on n'a pas remarqué que leurs tiges y aient été altérées en 1788, tandis qu'on a vu, en plein bois, des taillis de dix-huit à vingt ans et plus, perdre, pendant ce cruel hiver, par l'altération de la sève, plus d'un huitième de celles de leurs cépées.

Après les chênes crus isolément, les meilleurs, pour la charpente, sont ceux qu'on se procure dans les futaies sur taillis : on leur reproche d'être quelquefois attaqués de gelée, et encore plus de roulures, attendu que le vent, contournant entre les uns et les autres, ne leur arrive que par secousses violentes auxquelles leur nombreux branchage donne une prise extraordinaire pour les tordre : on leur reproche aussi de n'avoir jamais un tronc très élevé, et d'être comme ceux des haies et des avenues, remplis de nœuds formés par une trop grande quantité de branches latérales : ils ne peuvent donc que rarement faire de longues pièces, propres aux grandes poutres que réclament les constructions de premier ordre. Buffon considère tous les bois noueux comme étant, sous la charge, plus faible d'un quart que les autres, et son estimation n'est assurément pas exagérée. Les défauts, pour les arbres isolés, au sujet de la longueur du tronc et de l'abondance des nœuds, sont véritables : mais les propriétaires ont le moyen d'y parer, lorsque les arbres sont jeunes, par un élagage, comme nous l'avons déjà dit, qui peut aider la nature sans la tourmenter.

De tous les bois, ceux de futaies pleines sont les plus inférieurs sous tous les rapports : ils n'ont jamais un corps aussi droit que ceux bien venus sur taillis : Varenne Fénible n'admet pas facilement ce fait : il s'étonne qu'on puisse le remarquer : mais s'il eût parcouru les futaies du royaume, il s'en serait convaincu par leur inspection. Quoique très élevés pour l'ordinaire, les arbres des futaies pleines paraissent toujours, dans leur tronc, avoir eu une direction incertaine et sans aplomb : les charpentiers se sont toujours accordés à les considérer comme très tendres, et aussi faciles à couper, pour ainsi dire, que des raves. Le hêtre dans les futaies pleines ne s'y trouve vraiment utile que comme bois à brûler, et le chêne n'y devrait guère servir que pour le sciage et la charpente à débiter en menues pièces : encore ne faut-il pas être grand connaisseur, pour juger qu'il n'y donne que de la marchandise de seconde et de troisième qualité. Comme bois à brûler il est encore inférieur à celui des bons taillis bien aménagés. On a vu souvent, ainsi que Varenne Fénille le rapporte, à son grand étonnement, les marchands de bois préférer des gaulis de quarante ans à des futaies de soixante-dix à quatre-vingts, dans les mêmes triages, et les porter aux enchères à une valeur presque aussi élevée. Les grands gaulis procurent un bois encore parfaitement sain qui pare la marchandise, et la fait rechercher par les consommateurs, tandis que les futaies n'offrent, après l'extraction du bois d'ouvrage, que de la corde galeuse, et en partie vermoulue qui dans le foyer ne donne ni agrément ni profit.

Le charbon du gros bois, dans les futaies pleines, n'y est pas meilleur que la corde à brûler : il est loin de valoir celui des taillis de douze à vingt ans : il commence quelquefois à décliner en qualité dans ceux de trente à quarante ans, sans doute parce que le bois s'y trouve déjà trop gros pour être bien carbonisé dans toutes ses parties.

A égalité d'âge, le charbon des bois durs est le meilleur : vient ensuite celui des arbres résineux : celui des bois tendres tient le dernier rang : néanmoins celui du bouleau, enfourné au point convenable, et avant aucune altération dans la bille, vaut au moins celui de la seconde qualité.

Tous les bois, dans leur état de verdeur séveuse, renferment de l'eau de végétation : avant d'être desséché complètement, leur emploi, comme bois d'ouvrage, n'en vaut rien, et peu de chose comme combustible. Cette eau est plus abondante dans certaines espèces que dans d'autres : le chêne n'en renferme pas moins des deux cinquièmes de son poids, lors de l'abattage, et le hêtre pas au-delà de la quatrième partie.

La grande quantité d'eau de végétation que contient le chêne non desséché, est la cause que, dans cet état, on le fait brûler très difficilement, qu'il ne produit que de la fumée, et de la braise sans éclat ni chaleur, tandis qu'après la dessiccation, il est d'un usage très économique, et procure un feu des plus agréables.

Les bois mettent plus de temps les uns que les autres à évaporer leur eau séveuse : le chêne ne la perd que très lentement : le hêtre, le charme, le bouleau, s'en dégorgent avec plus de promptitude ; il est donc indispensable de les attendre plus ou moins de temps : deux ans comme combustible, et quatre ou cinq, comme bois d'ouvrage, ne sont pas trop pour le chêne : encore faut-il qu'il soit exposé à un courant d'air très favorable.

Tous les bois ne sont jamais meilleurs que quand leur dessiccation se fait à l'abri de la pluie qui peut, lorsqu'elle est suivie d'un soleil ardent, les échauffer et les avarier : dans la retraite qu'ils sont obligés de faire, comme bois d'ouvrage, la grande force du soleil peut aussi les porter à se déjeter, à se fendiller, non-seulement sous la forme d'équarrissage, mais même lorsqu'ils sont restés en grume : alors ils peuvent devenir impropres à toute production de poli et d'assemblage. Il est à remarquer que la retraite des bois qui est plus considérable dans certaines espèces que dans d'autres, ne s'effectue que sur la grosseur, sur les faces équarries ou sciées, et que très insensiblement sur la longueur.

Si les arbres sont destinés pour meubles, surtout pour l'ébénisterie, il convient, quelques mois après leur abat, de les débiter en feuilles, parce qu'en grosses pièces la plupart perdent plus ou moins de la couleur naturelle qu'ils peuvent posséder : ce débit facilite aussi la dessiccation, et si on ne laisse pas les planches au soleil, si on les soutient contre la tourmente qui peut les déjeter, elles sont aussi moins exposées à se fendiller dans la retraite.

Les ouvriers sont portés par trois motifs à employer du bois vert : il est plus tendre, et plus facile à travailler : il ne dure pas aussi long-temps, et les travaux se renouvellent à leur profit : n'étant pas obligés d'en attendre la dessiccation, ils n'ont pas besoin d'en avoir autant en magasin, et de faire autant d'avances d'argent pour se le procurer.

La charpente employée, en bois vert, a de graves inconvéniens : dans ce cas, sa disposition à se tourmenter la porte à ployer sous la charge, à déformer les couvertures, à les rendre concaves à l'extérieur, à laisser les eaux pluviales s'infiltrer entre les ardoises ou les tuiles, à cintrer les plafonds, à détruire leur enduit, et à faire, aux dépens de l'économie du bois, et de la bourse des propriétaires, des édifices et des demeures qui, au lieu de durer des siècles, comme ils le devraient, sont à recommencer au bout de quinze à vingt ans, et souvent beaucoup plus tôt.

On se plaint quelquefois du gaspillage des bois, à cause des abats inconsidérés qui s'en font dans beaucoup de lieux; mais il n'y en a jamais eu de plus considérable que leur mauvais emploi : la seule réflexion. et l'intérêt bien entendu des consommateurs, pourraient y porter, en les employant plus à propos, une grande économie. Notre industrie et nos connaissances dans les arts, sont bien au-dessus de celles de nos ancêtres, et nous nous en glorifions tous les jours dans les impressions littéraires : nous devrions aussi considérer que notre impatience à jouir prématurément, et notre légèreté dans les entreprises, nous donnent bien des désavantages. Il semble que nous ne voulions rien faire que pour le présent. Si nous admirons la beauté de la charpente de quelques édifices gothiques qui ont été préservés de notre amour pour la destruction et le changement, pensons qu'elle n'est due qu'à la prudence des anciens architectes et administrateurs qui, voulant autant travailler pour la postérité que pour leur siècle et pour eux-mêmes, savaient attendre la dessiccation du bois qu'ils employaient, et en bien choisir la qualité.

Quelques personnes ont pensé que l'eau séreuse était la cause du piquage des vers, et qu'on pouvait y mettre ordre, en débitant sans retard les bois, pour les faire dessécher : ajoutez qu'on n'atteindrait le but que d'une manière imparfaite, si on n'en extrayait pas avec soin tout l'aubier : sec comme vert, ce dernier a une grande disposition à la vermoulure, et s'il tient au bois de cœur, il la lui communique.

Quelques exploitans et marchands de bois ont cru remarquer que les chênes, et autres arbres abattus dans le déclin des lunes, étaient moins sujets à être piqués par les vers, que ceux qu'on jetait par terre dans les nouvelles lunes. Comme beaucoup d'autres personnes, nous avons tâché de découvrir si cette opinion était fondée ; mais c'est en vain : nous avons toujours reconnu que le bois, quelle que soit l'époque de son abattage, était toujours d'autant plus attaqué par les vers qu'on l'avait équarri avec une partie plus ou moins considérable de son aubier.

Depuis la découverte de l'Amérique, et notamment depuis environ quatre-vingts ans, notre ébénisterie se pourvoit de beaucoup de bois exotiques, pour la confection des meubles : ces bois presque tous tirés des tropiques ont sur les nôtres des qualités avantageuses : leur teinte en général est d'un rougeâtre plus ou moins foncé ; ils sont à fibres plus serrées, et rarement ils sont attaqués par les insectes et la vermoulure : ils offrent un commerce dont nons faisons bien de profiter, puisque nous y trouvons l'agrément de l'élégance et de la solidité. Mais si jamais nous en sommes privés, par la destruction que l'Amérique, en se peuplant, sera obligée de faire de ses futaies vierges et sauvages, nous pourrons nous en consoler, parce que les qualités des nôtres, sans être aussi brillantes, ne s'opposent pas néanmoins à l'élégance et à la solidité, quand ils sont mis en œuvre par d'habiles ouvriers.

Le cormier, le plus lourd de nos arbres, dans l'état de dessiccation, pèse trente-six kilogrammes par pied cube : il nous vient des bois des tropiques ou de leur voisinage qui ne vont pas à moins de quarante-six : il y a donc une différence de plus d'un cinquième avec les nôtres, et c'est probablement la cause principale de leur supériorité.

Le noyer de Saint-Domingue, qui a beaucoup de rapport avec le bois de fer de Cayenne, pèse jusqu'à quarante-six kilogrammes par pied cube : l'ébène noire des Indes orientales en pèse quarante-trois : le gayac, très utile comme sudorifique, en pèse autant, ainsi que le mancelinier, connu par ses qualités vénéneuses ; le bois de Campêche n'en pèse que trente-quatre, et dans le bois que nous appelons acajou, on en trouve dont le poids s'élève depuis vingt-quatre jusqu'à trente-huit : ne serait-ce pas la preuve qu'il est procuré au commerce par le produit de différentes espèces d'arbres ? Enfin, quelle que soit l'utilité des bois exotiques, nous n'en traiterons pas, parce qu'ils ne concernent pas la culture et l'exploitation de nos forêts.

Observez, au sujet du poids du bois, que l'âge des arbres y cause une différence : celui du rondin d'un taillis de quinze ans, ne pèsera pas autant que celui d'un gaulis de vingt-cinq, ni celui-ci autant que le bois d'une jeune futaie. En général, dans le premier tiers de la vie des arbres, le poids de leur bois ira en croissant ; il sera stationnaire dans le second, et dans le dernier, la vieillesse, sans y comprendre la décomposition, le portera à diminuer successivement: ainsi en parlant du poids des bois, nous les supposerons toujours à l'âge de leur plus fort développement.

Le premier de nos arbres indigènes est sans contredit le chêne, et ce n'est pas sans raison qu'on l'a appelé le roi et le plus bel ornement de nos forêts : il en fait le charme et l'admiration : la cime, le branchage, les feuilles, le port, tout chez lui est noble et majestueux. Quelle différence de paysage, si on compare un taillis garni de grands chênes avec une forêt de bois résineux ! Dans celle-ci l'élévation seule peut vous étonner : tout le reste, le port, le feuillage, l'uniformité, est triste et monotone : il n'y a que le mélèse qui fasse exception ; son feuillage, qu'il perd en hiver, renaît au printemps, avec une verdure qu'on ne voit pas sans plaisir. Les arbres résineux sont intolérans ; ils ne souffrent qu'eux dans

leur demeure et dans leur voisinage.
Le chêne sait se défendre des autres arbres sans leur nuire, et il vit au milieu
d'eux, comme s'il était leur protecteur,
et le chef de la famille. Soit comme
charpente, soit comme combustible, c'est
le chêne qui joue, dans un haut degré
de supériorité, le rôle principal : il fait
presque à lui seul l'objet de la tannerie,
de la bonne menuiserie, de la fente, et
du treillage : à défaut d'autres bois, il
peut faire de la boisselerie ; il fait même
des meubles qui sont aussi propres qu'u-
tiles : ils ont peu d'éclat, mais l'encaus-
tique et le cirage peuvent singulièrement
les embellir.

De tous les arbres, le chêne qu'on
croit susceptible de vivre, en bon terrain, de quatre à cinq cents ans, dont la
crue profitable est de cent cinquante à
deux cents, quoiqu'on assure que son
poids diminue après quatre-vingts ans,
est celui qui a le plus de nerf en charpente, et étant préservé des vers, il est
dans les bâtimens de la plus longue durée : il peut s'élever dans sa végétation
jusqu'à cent pieds. Feu M. de Perthuis
fait mention qu'il en a été exploité un

dans la forêt de Compiègne de cette élévation, qui avait vingt mètres de pille,
et vingt pieds de pourtour. Dans les essais
de la force des bois, Buffon n'est parvenu
à faire rompre une poutrelle de chêne,
de six mètres de long sur huit pouces
d'écarrissage, que sous l'effort d'un poids
de quatorze mille kilogrammes.

Nous avons dit qu'il y avait un grand
nombre de variétés et d'espèces de chênes : aussi offrent-ils, dans leurs poids,
de grandes différences : on en trouve
dans ceux qui donnent de la charpente,
dont les principaux sont le chêne blanc
ou pédonculé, et le chêne noir ou rouvre, depuis vingt kilogrammes, jusqu'à
trente par pied cube. Nous en avons
même vu qui descendait toujours au fond
de l'eau, et comme celle-ci pèse environ
trente-cinq kilogrammes, il devait peser
davantage.

Un débit bien entendu, dans le bois
du chêne, en peut faire singulièrement
augmenter l'estime : tel est le résultat du
sciage dit à la hollandaise : pour l'exécuter, il faut que l'arbre ait au moins vingt
six pouces de diamètre : ce qui démontre que la qualité principale de ce sciage

vient de la beauté des pièces : on équar-
rit celles-ci d'abord : on les débite en quatre : on pare chacun des quartiers, dans
lesquels on a bien soin de ne point laisser d'aubier, et en dernier analyse on scie
ces quartiers parallèlement , pour en faire
des planches.

Le châtaignier, abstraction faite de ses
qualités comme bois fruitier, est peu
propre au combustible de cheminée , à
cause de son pétillement, et du danger
qu'il y a, dans son emploi, de mettre le
feu dans les appartemens : comme bois
d'ouvrage, il a beaucoup de la qualité du
chêne : il est plus délicat que ce dernier
arbre sur le choix du terrain et des expositions : néanmoins , étant abrité de
l'effet des verglas du Midi, il redoute peu
le froid , puisqu'on le voit sur la pente
des montagnes où le blé ne peut plus
croître : il veut des sols de quelque profondeur : il pousse un tiers au moins
plus vite que le chêne; son merrain passe
pour avoir l'avantage de ne point se gon-
fler par l'humidité des liqueurs conte-
nues dans les tonneaux qui en sont cons-
truits. Après cent ans d'âge , il est peu
de châtaigniers qui ne soient gâtés dans

le cœur : pourtant, dans cet état, ils grossissent tout en formant des creux profonds, et vivent encore pendant de très
longues années. Rosier fait mention d'un
de ces arbres, dans le Sancerre, qui a,
ou qui avait de son temps, trente pieds
de pourtour à hauteur d'homme, et qui
était connu, depuis plus de six cents ans,
sous le nom du gros châtaignier.

Le bois de châtaignier pèse environ
vingt-trois kilogrammes par pied cube;
il n'offre, si ce n'est sous le rapport du
poids, de différence avec le chêne blanc
ou pédonculé que par une couleur un
peu plus pâle, et des lignes transversa-
les moins marquées: du reste, la ressemblance du bois de ces deux précieux arbres est si grande, que c'est encore une
question insoluble, parmi les physiciens
et les architectes, de savoir si la charpente placée, et si bien conservée, depuis cinq, six et plus de siècles, sur
d'anciens édifices, est de l'un ou de l'autre : cette charpente a un caractère particulier qui nous ferait croire, si nous
osions avoir une opinion parmi des ju-
ges si compétens, que le châtaignier y
domine, non-seulement par la raison

qu'elle n'est pas vermoulue, mais parce qu'elle éloigne les araignées, qui n'y attachent point ou très peu leur toile.

En fait de fente pour les échalas et les treillages, le châtaignier l'emporte sur tous les bois : si sous cette forme le chêne peut durer douze ans, le premier peut en durer dix-huit : dans les pays où l'on s'en sert pour les vignobles, si un père de famille qui marie ses enfans, garnit les vignes qu'il leur donne pour dot en échalas neufs de châtaignier, il peut être assuré qu'ils en auront presque pour leur vie, s'ils ont soin de les tenir à couvert pendant les hivers.

Après les abats de vieux pieds de châtaignier, les souches végètent rarement : il n'en est pas de même des cépées en taillis : elles repoussent très bien, et fortement : on peut en faire les coupes tous les sept à huit ans : elles sont alors plus fortes que celles d'une chênée de douze, et elles sont sans brindilles : on a vu, dans ces dernières années, en vendre à cet âge, dans les environs de Paris, jusqu'à douze et treize cents francs l'hectare. Pour échalas, les brins de châtaignier entiers, ou refendus en deux ou en quatre, valent presque autant que ceux de cœur, et les cerceaux qu'on en fait n'ont point de pareils, pour les vaisseaux à boisson vineuse ou autre : on en tire quelquefois, dans un hectare, plus de vingt mille échalas, et plus de trois mille douzaines de cerceaux : on doit pourtant recommander de ne point les couper avant l'âge dont nous venons de faire mention, parce que, plus jeunes, ils sont trop tendres pour avoir acquis toute leur bonne qualité.

L'orme qu'on croit multiplié en France depuis environ quatre cents ans, recommandé en 1552 par ordonnance de François 1er, afin que tout le royaume, est-il dit, en puisse être suffisamment peuplé; qui pèse, étant sec, environ vingt cinq kilogrammes par pied cube, n'est pas d'un aussi beau feuillage, et d'un port aussi agréable que le chêne et le châtaignier: il ne donne pas, comme ceux-ci, des fruits précieux pour la nourriture des hommes ou des animaux : sa grosseur, un peu inférieure à celle du chêne, est au moins égale à celle ordinaire du châtaignier, et, comme ce dernier, il y peut parvenir dans l'espace de quatre-vingts ans : la variété dite orme tortillard, n'en met pas plus de soixante. Dans un terrain qui lui convient extraordinairement, l'orme paraît pouvoir subsister sain, pendant près de deux cents ans, et encore autant avant de périr : on en a vu acquérir douze à quinze pieds de pourtour, cinquante pieds de tronc propre à l'ouvrage, et quatre-vingt-dix de hauteur totale.

Quoique l'orme ait une grande dispositon à drageonner, qu'il puisse se multiplier très facilement de ses nombreuses semences, qu'il soit intolérant, et qu'il envahisse souvent le terrain aux dépens des autres arbres, on ne le trouve que dans les boquetaux, près des demeures rurales, et rarement dans les forêts : encore n'y acquiert-il pas la force qu'on lui voit dans les avenues, et dans les lieux où il peut vivre isolé : il aime la bonne terre, et vient aussi, à cause de sa nature traçante, dans celles qui n'ont pas de fond.

L'orme, par sa disposition à s'échauffer et à pourrir en terre, et dans les scellemens de mur, est peu propre à la charpente et à la menuiserie : ayant aussi les fibres trop liées, il ne vaut rien pour la fente, les échalas et les treillages. Comme bois à brûler, quoi qu'en ait dit Varenne Fénille, il est dans la classe de première qualité; il ne le céderait pas même au chêne, s'il ne se consumait pas un peu plus vite. L'ébénisterie trouve dans le sciage en feuille de ses excroissances galeuses principalement, de quoi faire de beaux meubles d'un blanc queue de serin, avec des veines moirées des plus agréables : par rapport à la liaison de ses fibres, il surpasse, en qualité, tous les autres bois pour le charonnage, et notamment pour les jantes et les moyeux, pour les affûts de canon, et autres pièces d'artillerie, pour les étaux, et les tables des cuisines et des boucheries.

La plupart des charrons, aveuglés par leur intérêt, se sont fait l'opinion qu'il faut employer l'orme dans sa verdeur, pour les moyeux, et à demi sec pour les jantes, parce que, dans la retraite, il se resserre sur les raies qui doivent être en bon cœur de chêne, de frêne, ou de châtaignier : cette opinion est erronée : car quoique le resserrement soit réel, la tourmente, pendant la dessiccation, n'en fait pas moins disloquer l'assemblage.

Plusieurs charrons mettent leurs moyeux d'orme dans l'eau, après qu'ils sont ébauchés, pour y dégorger leur eau séveuse : ce moyen peut les empêcher de se gercer, mais ce n'est qu'aux dépens de l'altération et du ramollissement du bois : ceux qui les font ressuer au feu et à la fumée, font une opération qui mérite mieux l'approbation des personnes qui achètent les produits de leurs travaux.

L'orme tortillard bien gouverné, dans sa dessiccation, donne des moyeux d'une si excellente qualité, que le cerclage en fer, qu'on nomme ordinairement les fret-tes, leur est souvent inutile ; leur fibre ligneuse est si fortement liée que l'assemblage des raies ne peut la porter à se fendre. Observez que l'orme tortillard doit être choisi d'une grosseur peu au-dessus des moyeux qu'on en veut faire, attendu que les fibres ligneuses du cœur ont beaucoup moins de lien entre elles que celles des parties qui se rapprochent de l'écorce : or, si l'arbre, ayant beaucoup de grosseur, il fallait l'amincir, on en ôterait toute la partie la plus liante et la plus tortillée, et on ne laisserait que le cœur, qui n'aurait pas plus de qualité à cet égard que le bois des autres variétés communes.

Dans sa jeunesse, l'orme tortillard a l'écorce très lisse et très claire : à huit ou dix ans on commence à y voir des inégalités, des sortes de boursoufflemens alongés, tortillés : les parties dominantes, dans une année, se trouvent les suivantes dominées par les parties qui étaient rentrantes; et ainsi successivement, jusqu'à une cinquantaine d'années : après quoi le tortillement semble disparaître à proportion que l'arbre vieillit.

Le frêne, comme bois de charronnage, est aussi précieux que l'orme, dont il égale le poids et presque la corpulence et la grandeur; comme lui, il ne paraît pas, à l'exception de ses jeunes pousses du printemps, être sensibles aux plus fortes gelées de nos climats. Ses veines sont d'un blanc et d'un poli un peu mat; il croît aussi très rapidement; il est préférable à tous les ormes pour les timons, parce qu'il a plus d'élasticité, et des fibres plus alongées : il est précieux pour

les manches d'outils , et pour les queues
de billard : s'il n'était pas sujet à la vermoulure, il ferait de la bonne menuiserie, et même de la charpente. Les excroissances qui se forment sur son corps,
soit naturellement, soit à l'endroit des
branches recépées, produisent, comme
celles de l'orme, un bois très recherché
dans l'ébénisterie.

Le frêne vient très bien en taillis ; il
se multiplie assez naturellement : néanmoins il est peu commun dans les forêts :
comme combustible, il possède toutes
les premières qualités des meilleurs bois ;
après le châtaignier, il procure les meilleurs cerceaux ; son écorce est propre à
faire du tan , et plusieurs médecins assurent que son liber a , comme fébrifuge,
les mêmes propriétés que le quinquina.
Il y a des variétés de frènes, pour l'em-
bellissement des jardins paysagers : tels
sont entre autres ceux à écorce dorée
et à branches en parasol. La manne,
connue dans la médecine comme purga-
tif, se tire d'un frène , du *fraxinus ro-
tundifolia*, qui croît dans le Midi, dans
l'Italie et notamment dans la Calabre ;
elle est le résultat des égouttemens natu-

rels de la sève, ou des incisions sur le corps de l'arbre qui la forcent à en découler.

Le charme, qui pèse par pied cube environ vingt-six kilogrammes, ne le cède à aucun bois pour le foyer, lorsqu'on ne l'a point laissé s'attérer à la pluie suivie d'un soleil très ardent: il croît avec lenteur; il n'acquiert qu'une force médiocre : or le proverbe qui dit pousser comme un charme ne peut se rapporter qu'au brillant de sa végétation, et à la beauté de son feuillage, quand il est dans un terrain où il se plaît; et quoiqu'il puisse succomber sous la voracité de l'orme, il est assez intolérant dans les forêts, pour y être considéré comme peu avantageux, puisqu'il y prend, avec empire, la place d'autres essences qui, croissant plus promptement que lui, y seraient d'un meilleur rapport. Comme haie ou palissade, il ne le cède qu'à l'aubépine, et il souffre très bien l'élagage.

Dans l'état de dessiccation, le charme est d'une force excessive, et d'une grande dureté, mais il faut des soins pour le faire dessécher: suivant la règle générale qui n'est pas sans exception, puisqu'on

voit le figuier, qui est un bois des plus
tendres et des plus légers, se gercer ex-
trêmement, il est sujet, comme presque
tous les bois très forts, à faire beaucoup
de retraite, à se tourmenter et à se fendiller. Pour les essieux qu'on fait en bois,
et pour les maillets à frapper, le charme
est excellent, et n'a point d'égal en qualité : à défaut du cormier, sa dureté et
la finesse de son grain, le rendent propre
à faire des alluchons, tous les engrenages
des moulins, et les vis et autres pièces
des usines : il est excellent pour faire des
versoirs de charrue : j'en ai employé, de
ce bois, qui ont duré pendant plus d'un
an, à un travail journalier.

Le hêtre dont les faînes donnent une
huile estimée, et peut-être la meilleure
après celle de l'olive, est celui des arbres
forestiers qui, après le chêne, se trouve
en plus grande abondance dans plusieurs
des forêts du royaume : il est très sujet à
la vermoulure, et à s'échauffer en grume,
comme le charme, par l'alternative de
la pluie et du soleil : il pourrit vite dans
les scellemens du mur, par conséquent,
il est médiocre pour la charpente : cependant il se conserve long-temps dans

l'eau, et il entre quelquefois dans les constructions navales : il fait beaucoup de retraite; il faut donc, comme bois d'ouvrage, ne l'employer qu'après l'avoir fait ressuer son eau séveuse à l'ombre, accompagné d'un bon courant d'air. Le hêtre fait un bon feu : quoiqu'étant, après sa dessiccation plus lourd que le chêne, il se consomme plus vite; il est donc moins profitable : ce qui nous démontre que le poids du bois n'en constitue pas la qualité comme combustible : il a aussi un avantage sur le chêne; il croît au moins un tiers plus vite : il réclame des sols profonds, plutôt siliceux et gras que glaiseux et calcaires. Employé pour meubles, le hêtre a la couleur peu veinée et terne d'un mauvais noyer : il est excellent pour la saboterie, pour la boisselerie, pour les attelles des colliers des chevaux de trait, pour les pelles, pour les bâts de selle de limon et autres; il peut faire aussi des étaux pour les boucheries : à défaut de chêne, s'il n'est pas attaqué de vermoulure, on peut en faire du merrain, et on prétend même que les tonneaux qu'on en fabrique sont utiles à la conservation des vins.

Pour l'ébénisterie, le noyer, qui passe pour être originaire de la Perse, est le premier de nos arbres indigènes : son port est magnifique ; sa croissance, quoiqu'un peu plus lente que celle du frêne, peut en égaler la force : il pèse, étant bien sec, de vingt-quatre à trente kilogrammes : il est sujet à la vermoulure, mais moins que le hêtre et le frêne : il veut vivre isolé : on en voit peu se maintenir en cépées dans les massifs des parcs où il ne donne que rarement du fruit, et on n'en trouve pas dans nos forêts : ses graines, transportées principalement par les corbeaux, ne lèvent point dans les taillis, tandis que, dans les vignes et autres champs cultivables, elles donnent des sujets en abondance.

Le noyer, si utile par son fruit, et l'huile qu'on en retire, qui procure les meilleurs sabots, est de tous les arbres de l'Europe celui qui a le plus des qualités de l'acajou ; il fait peu de retraite, en perdant son eau séveuse : étant bien sec, il est parfait pour l'assemblage, et il permet, en conséquence, de fabriquer des meubles aussi solides qu'ils sont élégans.

Il est peut-être essentiel de prévenir les ouvriers de la campagne, qu'il leur est on ne peut plus dangereux de se reposer, en été, sous le feuillage d'un noyer, dans l'interruption des travaux qui les ont mis en sueur : soit que l'odeur résineuse qui, s'exhalant de cet arbre, porte à la tête, et vicie l'air ; soit que son branchage rabatte trop de fraîcheur sur le terrain, nous en avons vu mainte fois résulter des répercussions suivies de maladies presque toujours mortelles. . . . . . .

Les sept espèces d'arbres dont nous venons de faire mention, sont incontestablement ce que nous avons, en bois durs, de plus précieux ; mais ils le sont à un si haut degré, qu'il est douteux qu'aucun climat, qu'aucun pays en ait de supérieurs : sous ce rapport nous n'avons donc rien à envier aux autres peuples.

Dans la même classe des bois durs, nous possédons encore des arbres, dans la moyenne élévation, de quelque valeur. Dans les érables, dont le poids paraît varier depuis vingt jusqu'à vingt — quatre kilogrammes par pied cube, et qui pour la grandeur peuvent égaler le charme, avec une croissance beaucoup plus prompte, nous avons, en première ligne, le sycomore qui prend un assez beau poli, quand les planches qu'il procure ont été préservées de la fendille et de la tourmente en se desséchant : l'érable plane fait moins de retraite, et il prend un assez beau poli : il est d'un blanc moiré plus décidé, et on peut lui donner toute couleur à volonté, et particulièrement celle de l'acajou : les luthiers en font un grand usage pour les instrumens à corde. Les érables, excepté le champêtre qu'on trouve souvent au milieu des forêts, dans des fonds glaiseux, aiment des sols calcaires de quelque profondeur.

Le poirier sauvage, dont le poids est un peu supérieur à celui des érables, vient quelquefois d'une aussi grande élévation, mais il croit lentement : ses fibres sont très serrées ; il se tourmente beaucoup dans la dessiccation : on en fait, malgré sa couleur rose un peu pâle, d'assez beaux meubles, et de la marqueterie de distinction : il prend les teintes artificielles et particulièrement celle de l'ébène. Le pommier sauvage acquiert pour l'ordinaire moins de force que le poirier, et comme bois il a les mêmes qualités dans un degré inférieur : l'alizier et le sorbier sont dans le même cas. Le cormier, dans un rapport de quelque ressemblance, surpasse tous les bois fruitiers par sa dureté, par son poids, et par la finesse de son grain : il est le premier pour les alluchons, et tous les engrenages des moulins et des autres mécaniques.

Le merisier, du même poids que le poirier, peut faire de la marqueterie et des meubles ; il prend bien la couleur de l'acajou ; néanmoins elle est sujette à pâlir un peu avec le temps.

Le platane, auquel le terrain des érables peut convenir, ainsi que ceux d'une nature plus argileuse, peut faire de la marqueterie, et pour le reste il a toutes les qualités du hêtre, quoiqu'il n'en ait pas la pesanteur.

Dans les arbres durs, nous en avons encore, de la petite dimension, qui nous procurent de beaux bois d'ouvrage. Le Saint-Lucie, qui croît promptement en bon sol, joint, à la couleur du merisier, la propriété d'une odeur agréable qui ne fait que se renfor-

cer **avec le temps**. Le cytise ou faux
ébénier, dont le poids, comme celui du
Saint-Lucie, est d'environ vingt-cinq
kilogrammes par pied cube, et qui croît
aussi **vite**, peut fournir aux tourneurs,
aux tabletiers, aux ébénistes, du bois
bien moiré dont le cœur ressemble beaucoup à l'ébène : c'est le meilleur bois pour
faire des arcs de flèches; son ressort est
prodigieux. On en peut faire aussi d'assez
bons cerceaux, et sa prompte et très facile culture peut, sous ce rapport, être
avantageuse dans tous les lieux qui ont
des vignobles pour voisinage. L'olivier,
le lilas, le buis, le cornouiller, l'aubépin, longs à croître, et dont le poids
approche de celui du cormier, sont utiles
dans la tableterie, et dans le plaqué d'une
infinité de petits meubles de toilette et
de fantaisie.

Les premiers arbres à considérer parmi les bois tendres, par rapport à leur
force, à la promptitude et à l'économie
de leur croissance, ce sont les peupliers :
celui qui nous est venu de la Caroline
est le premier en force végétative : on
en voit d'énormes avant vingt-cinq ans
de plantation : il a beaucoup de rapport

avec le grisâtre, qui a une croissance moins accélérée : leurs planches bourrent sous l'outil de l'ouvrier, parce que la fibre en est un peu cotonneuse. L'ypréau, dénommé blanc de Hollande par les jardiniers et les pépiniéristes des environs de Paris, a les fibres plus sèches et moins liées : il fait un certain degré de retraite : il se tourmente beaucoup dans la dessiccation; il se prête très bien à la moulure : il a sur les autres peupliers l'avantage de croître dans les mêmes terrains humides, et aussi dans des sables secs, s'ils ont quelque profondeur. Le tremble, qui se trouve communément dans nos forêts, où il paraît se plaire, a, sous le rapport du bois d'ouvrage, les mêmes qualités que l'ypréau, dont il acquiert quelquefois la hauteur, mais non la corpulence; étant écorcé il se conserve très long-temps, et il peut servir dans les échafaudages pour les constructions des bâtimens.

Le tremble, arbre naturellement forestier, et l'ypréau, qui pourrait sans doute le devenir, poussent de nombreux drageons, surtout après leur abattage : un seul pied est quelquefois dans le cas d'en garnir le terrain où il se trouve, sur une

circonférence d'au moins cinquante pas
de diamètre : or ils peuvent être utiles,
pour regarnir des vides, dans des futaies
abattues qu'on ne voudrait pas replanter.

Tous les peupliers, comme nous l'a-
vons déjà dit, sont propres à la petite
charpente en chevrons, à la volige pour
les couvertures en ardoises, et à toutes
sortes de planches pour emballage, et
même pour les boiseries des appartemens,
si elles sont éloignées de tout contact
d'humidité. Comme combustible, les
peupliers sont tous très médiocres : le
tremble a pourtant encore quelque qualité sous ce rapport : il fait un feu clair
qui, quoique peu durable, est très utile
dans les usines où les objets qu'on fabrique
pourraient s'altérer par la fumée.

Le peuplier pyramidal ou d'Italie, tiré
de la Lombardie, et propagé en France
depuis environ quatre-vingts ans, sans
avoir toutes les qualités qui lui ont été
attribuées par les exagérations de ses
prôneurs, lors de son importation, en a
de très précieuses qu'ils n'ont point con-
sidérées : il ne veut ni les terrains sans
fond, ni ceux qui ont des dispositions
froides et tourbeuses ou qui sont par trop

noyés: mais où il se plaît on le voit quelquefois s'élever, sur une grosseur proportionnée, au-delà de cent pieds, dans l'espace de moins de quarante ans : ce qui démontre que l'opinion qu'on a que les arbres provenant de marcottes et de boutures, grandissent moins que les autres, n'est pas toujours bien fondée, puisque tous les peupliers ne s'obtiennent que par ces moyens : il n'est pas à notre connaissance qu'aucun ait été produit en France par les graines. Lorsque le bois du peuplier pyramidal est parvenu à toute sa dessiccation, dans laquelle il diminue de près de trois cinquièmes, son poids ne dépasse pas douze kilogrammes, tandis que les autres peupliers vont à dix-huit : c'est le plus léger de tous nos bois : sa planche est donc bien avantageuse pour les caisses, et les emballages de longs voyages; car s'il en allége le poids, il en diminue nécessairement les frais de transport.

Nous avons déjà parlé du bouleau comme très avantageux pour les nouvelles plantations, par rapport à sa croissance rapide et à ses qualités comme combustible : sa flamme claire et le haut degré de son calorique, le rend encore bien plus précieux que le tremble, pour les usines dont les produits, tels que la porcelaine, redoutent la fumée : on en peut faire du sciage pour la marqueterie : son grain est fin, et son poli rosé est agréable : sa brindille est précieuse pour la confection des balais de cour et d'écurie : après le noyer et le hêtre, c'est le meilleur des bois pour la confection des sabots : il pèse, par pied cube, environ vingt-deux kilogrammes ; sa dessiccation demande des soins, parce qu'il se tourmente.

Le tilleul, à peu près du même poids que le bouleau, fait beaucoup de retraite en se desséchant : indépendamment de son avantage pour la tille, et les cordages des puits, il fait de meilleures charpentes et de meilleures planches que les peupliers : tout le monde connaît son bel effet dans les avenues des parcs et jardins d'agrément; on en voit dans ces lieux acquérir, lorsque le terrain leur convient, une grande force, et presque la hauteur de l'orme, dont le feuillage est moins agréable : il souffre bien la taille du croissant, et il est à préférer à tous les autres arbres pour faire des salles champêtres. Le principal défaut du tilleul, c'est de perdre ses feuilles de bonne heure en automne : ce qui arrive d'autant plus qu'il est en sol médiocre : dans les forêts, choisissant mieux son terrain, ce défaut n'est pas aussi marqué ; cependant il n'y parvient pas à la première grandeur : au reste, si on n'y trouvait pas l'avantage de son écorce, son exploitation n'y serait pas désirable, parce qu'il croît lentement, et qu'il a peu de qualité comme combustible. Il est présumable qu'il y avait autrefois dans les forêts plus de tilleuls qu'on n'y en remarque aujourd'hui. On en devait trouver beaucoup, notamment dans la forêt de Senlis ; témoins Chantilly, *champ de tillis*, *champ de tilleuls*, qui en a tiré son nom.

La marsault n'a de qualité que comme combustible et comme ayant une prompte croissance : le saule n'en a pas davantage : on voit pourtant celui-ci procurer de la planche médiocre, dans les lieux où on le laisse croître à volonté, ce qui est rare ; il n'est jamais plus profitable que sous la forme de têtard : dans cet état, il donne des harts et du fagotage : on voit des fermes y trouver assez de combustible pour leur usage, quand, sur les bords des fossés de limites des champs, ou des fossés d'égout où ils nuisent peu à la culture, elles en possèdent, aménagés pour en couper les branches tous les quatre ans, autant de quatre à cinq centaines qu'elles ont de charrues. Ils donnent souvent chacun une dixaine de fagots.

En fait de planche et d'écorçage, le mûrier a les qualités du tilleul : il est un peu plus léger : sa teinte, lorsqu'il a perdu son eau séveuse, qui est considérable, est jaunâtre, et sa planche prend moins de poli que celle du tilleul, qui est un peu plus rosée : enfin il a une utilité bien précieuse, puisqu'il est, par son feuillage, à peu près la seule nourriture des vers qui donnent la soie.

L'aulne, à peu près du même poids que les peupliers, peut faire comme eux des sabots communs : en fait de bois à brûler, il ne vaut pas mieux : on en fait aussi des chaises communes : son écorce procure de la couleur pour les chapeliers : il est peu altérable dans l'eau ; il est précieux pour les conduits souterrains, pour les pilotis, où il vaut presque le chêne, et on en peut faire des corps de pompe.

Le noisetier ou coudrier est un grand arbrisseau vorace qui s'empare souvent du sol des forêts, au détriment des meilleurs espèces de bois : son extirpation peut, dans beauccup de cas, être très à recommander : son écorce, levée avec un peu d'aubier, est utile pour serrer les cordons en paille des ruches à abeilles, pour lier les ballais communs, et autres petits objets : son menu gaulis comme celui du troëne, autre arbrisseau inférieur, sert, ainsi que nous l'avons dit, dans la culture rurale, à confectionner des claies à parc de moutons et à d'autres usages : son brin le plus gros peut entrer dans la billonnette à charbon : il a sous ce rapport autant de qualité que le bouleau dont il surpasse le poids.

On doit regretter qu'on ne cherche pas à tirer quelque utilité du fruit du coudrier : il faut que cet arbrisseau soit bien ombragé pour n'en point produire, et son huile n'est pas sans qualité. Dans la Catalogne, au-dessous de l'Ebre, aux environs de Rens, on s'est adonné à la culture du noisetier à gros fruit, depuis

une cinquantaine d'années, pour utiliser plusieurs pentes de montagnes, et on
en tire un bon revenu.

Les bois de nature résineuse sont les
meilleurs après les bois durs. Parmi les
arbres qui les procurent, abstraction
faite de leurs sous-espèces ou variétés, qui
ne proviennent souvent que des sols,
des climats et des situations, et qui sont
plus du ressort de la botanique que d'un
traité de l'exploitation des forêts, le pre
mier que l'agronome doit considérer,
est le mélèse : cet arbre superbe aime à
croître sur les montagnes élevées à l'exposition du nord : c'est là, lorsqu'il
trouve un sol profond, qu'il acquiert
toute sa force : il y parvient souvent à
la hauteur de cent vingt pieds, avec un
tronc d'équarrissage de quatre-vingts,
dans l'espace de moins de cent ans : après
cet âge, s'il grandit rarement, il prend
encore de la grosseur, mais souvent il
s'altère en qualité. Pline rapporte qu'on
a vu à Rome, sous Tibère, une poutre de
mélèse de cent pieds romains, qui font
près de trente mètres, et elle portait près de
deux pieds d'équarrissage. La nature pro-

duit quelquefois des monstruosités, et la poutre dont il est question en est une très extraordinaire : un arbre, pour avoir à quatre-vingt-dix pieds de hauteur, deux pieds d'équarrissage, devrait en avoir dix de pourtour à cette élevation, et si, comme l'a judicieusement remarqué Duhamel, les arbres diminuent de tour d'un pouce par pied de hauteur, le mélèze qui avait produit la poutre dont parle Pline, devait avoir dix-sept pieds et demi de circonférence à sa base, puisqu'il devait s'y trouver quatre-vingt-dix pouces de plus qu'à la hauteur de trente mètres.

Le mélèse produit de la colophane et de la térébenthine estimée ; son écorce est propre pour le tan ; il fait de bon charbon pour les forges : parmi les Alpes, et probablement sur beaucoup de hautes montagnes, c'est le dernier des grands arbres qu'on trouve dans leur élévation : il semble mal végéter dans les lieux à douce température : son bois résiste mieux que celui du chêne à l'eau et à l'air : il ploie difficilement sous la charge, il se conserve bien au-dessus des caves ;

sa durée est extrême, et son poids est d'environ vingt-six kilogrammes par pied cube.

Le sapin, qui s'élève presque aussi haut que le mélèse, et qui acquiert plus de grosseur, est un quart plus long-temps à prendre sa force; il aime aussi, dans les montagnes, l'exposition du nord, et un sol argileux qui conserve quelque fraîcheur : il est plus léger d'un quart que le mélèse, et, sous ce rapport, il convient mieux à la mâture, parce qu'il charge moins les vaisseaux : il lui cède en qualité pour la charpente, et comme le hêtre il peut faire de la boisselerie.

Le pin, à peu près du même poids que le sapin, a une croissance plus rapide; il s'accommode de presque toutes les expositions : il a plus de racines que ce dernier; il est par conséquent moins sujet à être renversé par les vents : son odeur résineuse très forte le rend peu propre aux boiseries des appartemens : il peut faire, comme l'aulne, des corps de pompe, et il vaut mieux que le sapin pour faire du merrain de cuviers à lessive. Le pin qu'on nomme sylvestre, et qui supporte le mieux les grands froids, produit, à ce qu'assurent plusieurs constructeurs de vaisseaux, la plus grande partie de la mâture qu'on tire du nord; et si dans d'autres parties de l'Europe, on le voit souvent chétif, cette décroissance n'est probablement due qu'à la qualité du sol et au climat.

Les trois espèces de bois verts et résineux, dont nous venons de faire mention, sont naturellement habitans des montagnes et des pays froids : on en voit pourtant de jolies plantations dans d'autres lieux; il y en a notamment qui végètent très bien dans des cantons de la forêt d'Orléans. Cependant je ne crois pas que la culture des arbres verts soit recommandable dans les bois où peut croître le chêne, et plusieurs de nos autres bois durs auxquels ils le cèdent en degré d'utilité.

Dans les constructions navales, suivant les constructeurs, les pins et les sapins peuvent faire la mâture; le chêne et le mélèse font les corps de bâtimens, et à défaut de chêne, le hêtre peut entrer dans la quille.

Dans nos arbres verts de moyenne grandeur, il nous semble qu'on doit recommander très particulièrement la culture de l'if : on lui reproche d'avoir, dans ses feuilles, une qualité vénéneuse ; on assure que des chevaux et autres bestiaux sont morts ou ont été très incommodés pour en avoir mangé; son ombrage passe aussi pour être fort dangereux. Si ces faits sont de quelque vérité, il faut éloigner l'if des habitations, et en écarter les bestiaux : cependant il y en avait autrefois beaucoup dans les jardins d'agrément et jusque dans les cours des maisons bourgeoises, où il se prêtait, par le ciseau qu'il ne redoute pas, à toutes les formes singulières et bizarres du goût d'alors, et nous ne sachons pas que nos pères lui aient réellement reconnu aucune des dangereuses qualités qu'on lui suppose maintenant.

L'if n'a pas une croissance rapide : il vit grand nombre de siècles; on veut qu'il s'en trouve encore en Angleterre qui aient été plantés par les Romains. Débité pour ouvrage, l'if sèche très lentement; il fait peu de retraite : il pèse environ trente-un kilogrammes par pied cube : il est plus beau que le noyer; il n'est point sujet à la vermoulure; il prend facilement plusieurs couleurs brillantes, et la sienne propre, quand il a de l'âge, n'est pas inférieure à celle de l'acajou.

Depuis une vingtaine d'années on a extrait du bois, de l'acide dénommé pyroligneux, en recueillant, par la carbonisation, la fumée qu'on fait se condenser et refroidir dans de longs conduits: le bois peut en donner le tiers de son poids. Le premier acide, rempli de goudron, sort à un, deux, ou trois degrés Baumé : on l'épure généralement par le moyen de l'acide sulfurique, et on en obtient un vinaigre pour les teintures, et quelquefois pour la confection du sel de Saturne : jusqu'alors le commerce a paru désirer qu'il ait une force de dix degrés : alors additionné de six parties d'eau contre une, parce qu'il est très fort, il peut servir pour la cuisine ; mais il ne faut pas qu'il ait été distillé dans des cornues d'airain, parce qu'il s'y sature de vert de gris : il n'est pas encore facile de lui ôter le goût d'empyreume et de le purger d'acide sulfurique qui, dans l'é- purement du goudron, y reste en distil- lation. A l'imitation de M. Molerat, nous en avons fabriqué pendant cinq à six ans:

le bas prix du vinaigre ne rend pas aujourd'hui cette distillation du bois d'un
grand profit: le charbon, dans les fourneaux nécessairement couverts de cha-
piteaux, reçoit souvent des coups de feu
dont il est difficile d'être toujours le maî-
tre : ils en altèrent la qualité, et les maî-
tres de forge, par cette cause, ne sont
pas très empressés d'en faire l'acquisition.

D'après ce que nous avons rapporté
dans ce chapitre, on doit, en résumé,
voir combien il est important, aux plan-
teurs propriétaires, et à tous les cultivateurs qu'ils chargent de leurs intérêts,
de faire une étude sérieuse des arbres,
sous le rapport du bois, afin de connaître
ceux qui, pouvant convenir à leur sol,
et au besoin du pays, y croîtront avec
plus de vitesse et de profit. Chacun doit
faire porter à sa terre ce qui y végète le
mieux, sous un rapport profitable, et
s'il est de l'intérêt particulier qu'on agisse
ainsi, il ne l'est pas moins de l'intérêt
public. La connaissance du bois est encore essentielle à ceux qui achètent des
ventes pour les exploiter, comme aux
propriétaires qui exploitent eux-mêmes;

car un débit sagement ordonné et exécuté, influe singulièrement sur la quantité et sur la qualité de la marchandise,
et par conséquent sur lesbénéfices qu'on
y peut faire.

CHAPITRE V.

De l'aménagement des bois.

Les aménagemens des ventes sont de la plus haute importance : c'est par eux qu'on peut parvenir à rendre les bois économiques et profitables au public et aux particuliers, et, s'ils étaient mal entendus, c'est en vain qu'on écarterait les bestiaux des forêts, et qu'on affranchirait celles-ci de tous droits d'usage pernicieux et destructifs ; ils ne rendraient pas moins les bois d'une conservation onéreuse, s'ils étaient trop rapprochés, et seuls ils parviendraient encore à les détruire, s'ils étaient mal exécutés, et reculés à des âges trop avancés. On doit ajouter que si le pâturage des bestiaux dans les bois en a détruit de grandes étendues, c'est avec le concours des mauvais aménagemens : cet ordre de choses néanmoins ne mérite pas tout le blâme qu'on se figure pour l'ordinaire. Les bois étaient-ils sans valeur, ou n'en avaient-ils qu'une très médiocre ? un bon aménagement, un aménagement conservateur du plant, pouvait n'avoir rien de profitable. Le sol des forêts tirait des herbages sa principale utilité : pour le surplus, on était satisfait d'y trouver le peu de combustible dont on avait besoin, et quelques pièces de charpente pour ses habitations. Maintenant tout est bien changé : les forêts ont diminué en étendue, par la destruction successive de diverses de leurs parties ; elles donnent donc moins de bois : la population s'est accrue, et l'industrie s'est développée ; elles en consomment donc davantage : il en résulte qu'il n'y a plus de forêts sans valeur, et que la plupart en ont acquis une si grande, qu'il n'est pas étonnant que ce haut prix ait porté l'alarme dans la société, et qu'il ait fait craindre de manquer de bois, comme dans la médiocrité des récoltes rurales on craint de manquer de pain.

Des pratiques anciennes, dans les forêts, ont fait contracter des habitudes funestes : des communes usagères peuvent avoir, et elles ont encore, des intérêts particuliers qui les portent à tenir

à des jouissances devenues éminem-
ment préjudiciables au reste de la société : il importe à l'intérêt public de
les en détourner et de mettre de l'ordre,
nous le répétons, dans une production
de première nécessité qui devient très
rare, et que les meilleurs aménagemens
peuvent à peine mettre en rapport aujourd'hui avec les besoins de l'Etat et des
citoyens.

Dans les forêts abandonnées au seul
soin de la nature, les arbres qui périssent à la suite du développement de
leur croissance, sont remplacés par les
semis qui se font à leur place : on pourrait, en imitant ce travail, faire seulement l'abat des arbres, dans les forêts,
lorsqu'ils ont acquis toute leur force : il
semble qu'on aurait alors le plus grand
revenu dont ils sont susceptibles, et que
les bois, garantis des bestiaux, se con-
serveraient sans autre soin que celui de
les garder contre tout désordre : mais la
croissance des arbres a des périodes plus
ou moins actives ; il est donc plus avantageux d'en faire des abats répétés, en
saisissant tous les momens où leur croissance se ralentit. Les arbres qu'on laisse

végéter pendant de longues années s'emparent d'une étendue considérable de terrain, avant d'arriver à toute leur force; ils sont aussi très long-temps à y parvenir, et alors ils tiennent souvent la place de vingt autres plus jeunes qu'on eût pu exploiter sept à huit fois dans le même nombre d'années : de plus, la lenteur de leur produit le rend incertain pour le propriétaire, et même pour plusieurs générations de ses héritiers : de là résulte la nécessité des aménagemens, pour tirer des forêts, sans nuire à leur repeuplement, tout le revenu possible, afin de satisfaire le propriétaire et le consommateur.

La première chose à considérer dans l'aménagement, c'est l'âge où la croissance du bois taillis, prise en total, ne va plus en augmentant. Dans la première année, ayant un espace suffisant, presque toutes les tiges végètent : elles ont une pousse beaucoup moins considérable en poids que dans la seconde, et dans celle-ci, elle est moins considérable que dans la troisième, et ainsi successivement, jusqu'à l'âge, pour le chêne, lorsqu'il est en bon sol, de dix,

quinze et vingt ans, etc., après quoi il
ne va plus dans la même force progressive. A un an un arbre peut n'avoir acquis que le poids de cent grammes, sans
que sa végétation puisse être considérée
comme médiocre; si toutes les années
étaient égales en croissance de bois, il
ne pèserait, à vingt ans, que deux kilogrammes, et souvent il en pèse au-delà
de quarante : à quarante ans, il peut
peser trois à quatre cents kilogrammes;
il a donc encore augmenté considérable-
ment, mais dans une proportion moins
accélérée : car, dans le premier cas, il y
a, entre la croissance de la première
année et celle de vingt ans, une différence de quatre cents; tandis que dans
le second, entre la croissance de vingt
années et celle de quarante, il n'y en a
qu'une de huit ou dix environ, ou plutôt de quatre à cinq, puisque, dans
quarante ans, on eût pu faire deux coupes, si on eût exploité à la moitié de
l'âge. Aurait-on retiré d'un taillis de
quarante ans quatre fois plus de bois
que de celui d'un âge mitoyen ? non
certes, parce qu'un arbre de quarante
ans, suffisamment espacé, tient la place

de quatre à cinq arbres de vingt : il n'y aurait donc tout au plus que compensation pour le consommateur ; le propriétaire y perdrait tout l'intérêt de la première somme qu'il eût reçue, en exploitant dès que son bois aurait eu atteint l'âge de vingt années.

Si à cent vingt ans un arbre pèse trois mille six cents kilogrammes, c'est neuf fois plus qu'à quarante, ou plutôt c'est trois fois, puisque, dans le premier espace de temps, on eût pu faire trois coupes qui eussent donné douze cents kilogrammes : pour qu'il n'y eût point de perte de bois à livrer au commerce, il faudrait que l'arbre de cent vingt ans n'eût tenu, pour végéter, que la place de trois arbres de quarante, et toutes les personnes qui en ont examiné l'effet, savent qu'il lui en faut davantage.

On observera sans doute que, s'il faut à un arbre de quarante ans la place de quatre à cinq autres de moitié âge pour végéter, on a pu profiter du bois de ceux-ci, dès l'instant qu'ils ont pu nuire au premier ; cela est incontestable : nous allons en voir bientôt le résultat.

A l'égard de l'arbre de cent vingt ans, on observera aussi qu'étant plus utile, son bois est d'une bien plus grande valeur que celui d'un simple gaulis; mais n'en faut-il point pour suffire à toutes les sortes de consommations? et si on laissait croître tous les taillis en futaie, la charpente, dépassant le besoin qu'on peut en avoir, n'en faudrait-il pas convertir en combustible? et, dans ce cas, ce bois pourrait-il être plus estimé que celui qu'on abat plus jeune?

En général, à dix ans un taillis bien planté, où l'essence du chêne domine, peut contenir huit mille tiges : à quinze ans, il n'en contiendra plus que cinq mille, et à vingt ans, à peu près trois mille. A dix ans, le brin n'allait pas, le fort portant le faible, au-delà de cinq à six kilogrammes ; il était tout aubier, très tendre, et propre seulement à faire du fagotage : à vingt ans, il pèse de vingt à quarante kilogrammes, et son bois forme un bon combustible : le poids total du bois de ce dernier âge, dans un hectare, serait donc de quatre-vingt-dix mille kilogrammes environ; il serait de bonne qualité, tandis que celui de dix ans n'en procurerait pas au-delà de la même quantité ; car, pouvant le couper deux fois en vingt ans, il aurait procuré seize mille brins de cinq à six kilogrammes, et il serait d'une qualité très médiocre.

A quarante ans, il n'existerait pas au-delà de six cents tiges par hectare, si elles eussent eu un espace convenable pour bien végéter : quelques-unes pourraient peser deux, trois et quatre cents kilogrammes, et en total cent soixante à cent quatre-vingt mille : n'a-t-on point fait de fort éclairci ? on peut trouver à quarante ans, jusqu'à quinze et dix-huit cents brins au moins par hectare ; mais ayant été comprimés ils ne dépassent pas, l'un portant l'autre, quatre-vingt à cent cinquante kilogrammes, et leur poids total est toujours à peu près le même. En exploitant à vingt ans, on eût fait deux coupes qui eussent donné également cent quatre-vingt mille kilogrammes de bois, moins celui de l'éclairci de tous les brins qui devaient périr de vingt à quarante ans dans l'aménagement de ce dernier âge : il semble que cet éclairci eût été profitable au con-

sommateur, puisqu'il aurait fait livrer
plus de bois au commerce : on ne peut
pas supposer qu'il l'eût été pour le propriétaire, parce qu'on ne peut pas croire
qu'il eût balancé favorablement l'intérèt
de la première somme que ce propriétaire eût reçue en faisant une première
exploitation à vingt ans : le profit pour
le consommateur n'est qu'illusoire. Dans
un taillis bien planté, il y a au moins
vingt cinq souches vives par are, et
deux mille cinq cents par hectare ; à
quarante ans, il n'y en a pas au-delà du
nombre de quinze à dix huit cents qui
est le maximum des brins ; le tiers a
donc déjà péri ; non-seulement il n'y en
a plus pour regarnir le taillis ; plusieurs
même ne repoussent plus après l'abat :
un aménagement plus long eût été bien
pis encore : à cinquante ans il périt,
par l'abat, plus d'un quart des souches,
et à cent ans, quelque soin qu'on
prenne pour récéper au-dessous du niveau du sol, afin que les entailles soient
moins exposées au soleil, à la pluie, et à
l'effet des gelées, il est rare qu'il en re-
prenne un tiers ; or, l'aménagement,
seulement à quarante années de pousse,

serait aussi préjudiciable au consommateur qu'au propriétaire; car pour une
fois seulement, il pourrait produire plus
de bois; ensuite il en donnerait moins,
parce qu'il contribuerait au dégarni des
forêts, lesquelles ne donneraient plus
que les trois quarts, que la moitié et
même le tiers de ce qu'on en tire dans
les taillis qui ont été mieux aménagés.
En effet c'est ce qu'on remarque dans
tous les bois; il ne suffit pas seulement
d'y laisser vieillir les arbres, il faut
aussi en conserver le plant. On croit
pouvoir fonder l'espérance du regarni
des forêts sur les semis naturels : ils ne
se font bien que dans les jeunes taillis;
ce n'est qu'à la deuxième coupe qu'ils
sont très profitables, et les longs aménagemens y portent obstacle, parce
qu'ils forcent toujours les taillis à se réduire à un petit nombre d'arbres et de
cépées.

On a prétendu que les aménagemens
très rapprochés contribuaient à faire
pousser de la bruyère et d'autres arbrisseaux nuisibles; c'est contre toute évidence : ces plantes ne sont jamais plus
multipliées que dans les aménagemens

à long-terme, parce que, levant mieux à l'ombre que les arbres, elles prennent un prompt développement aussitôt l'abattage du bois, et elles s'emparent des places de toutes les souches mortes et des lieux vides : au contraire un bon taillis n'a pas six ans d'âge qu'il est déjà assez fort pour étouffer tout ce qui peut lui être nuisible : aussi les bois de l'Etat, soumis à des ventes très éloignées les unes des autres, sont-ils remplis de bruyères, tandis qu'elles sont rares dans tous les bois des particuliers préservés de la dent des bestiaux, où les aménagemens ont été assez rapprochés pour les laisser se garnir en suffisante quantité de bonnes essences d'arbres.

L'importance de trouver un bon aménagement, a porté de célèbres naturalistes et de savans agronomes, les Buffon, les Duhamel et autres, à considérer la force végétative des arbres pour déterminer l'âge où les coupes de bois sont le plus profitables : ils ont presque tous cherché cette force dans l'accroissement du diamètre ou dans celui du pourtour ; le résultat en a été à peu près semblable à celui que nous avons trouvé par le moyen du poids.

Il y a des arbres qui, sur un bon sol, peuvent avoir cru autant de douze lignes de diamètre qu'ils comptent d'années, pendant sept à huit ans, par une augmentation successive d'année en année ; ensuite de huit, sept, cinq lignes, et toujours par une augmentation décroissante jusqu'au dernier âge, ce qui n'empêche pas la quantité du bois d'aller toujours en augmentant : car, sans y comprendre la longueur, la quantité du bois est toujours équivalente au cube des surfaces. Un arbre qui pourra porter cinq pouces d'équarrissage à vingt-cinq ans, ne donnera, par pouce de hauteur, que vingt cinq pouces cubes de bois, tandis que celui qui offrira vingt pouces d'équarrissage à cent ans, en donnera quatre cents, non compris le supplément en hauteur : on trouvera donc qu'un arbre de cent ans donner seize fois autant de bois que celui de vingt-cinq, ou plutôt seulement une quantité quadruple, parce que ce dernier eut pu être renouvelée et exploité quatre fois pendant la croissance de l'autre : mais si le premier n'a pas cru isolément, en avenue ou en quinconce, il a tenu pour végéter au moins la place de quatre autres ae vingt-cinq ans : il y a donc seulement égalité dans le produit du bois, et perte pour le propriétaire de l'intérêt des recettes qu'il eût faites en exploitant à vingt-cinq ans.

Suivant Duhamel, les ormes des routes et autres, acquerraient environ six lignes annuellement de grosseur de diamètre, les frênes cinq, les noyers trois à quatre, et les peupliers douze : il en résulte qu'un orme de quatre-vingts ans devrait avoir quarante pouces de diamètre, cent vingt-cinq de tour, et offrir un équarrissage d'environ vingt-cinq pouces, parce que cet équarrissage est toujours à peu près le cinquième de la circonférence du tronc : ce fait peut avoir lieu, mais très rarement. On ne doit pas compter que tous les ormes d'une plantation la mieux venante, aient, à quatre-vingts ans, le fort portant le faible, au-delà de soixante-dix pouces de circonférence, offrant un équarrissage de quatorze.

Les auteurs que nous venons de citer n'ont point réfléchi au dépeuplement que les forêts éprouvaient par de trop longs aménagemens, et par l'établissement des futaies pleines : ils ont pensé que les semis ou la replantation qu'on fait néanmoins rarement, faute de moyens ou de courage, pouvaient parer à cet inconvénient : ils se sont bien aperçus que les grands arbres voulaient, pour végéter, un grand espace de terrain, et qu'il y avait bien moins de tiges dans une futaie que dans un taillis ; mais, par une nouvelle erreur, ils ont cru que la longueur des arbres des futaies pouvait compenser ce déficit : leur théorie est belle en spéculation, on leur en doit de la reconnaissance ; elle peut servir dans la combinaison des aménagemens ; mais appliquée d'une manière absolue, elle n'est nullement soutenable dans la pratique.

Cependant le calcul de Duhamel peut conduire à juger du moment où il ne convient plus de laisser croître un arbre d'avenue. A quarante ans, si un arbre offre huit pouces d'équarrissage, c'est 96 lignes, dont le carré est de 9216

lignes : en divisant ce nombre par quarante, on trouve qu'il y a une croissance, par année, l'une portant l'autre,
de 230 lignes cubes de bois par ligne de
hauteur : à quatre-vingts ans, s'il offre
quatorze pouces d'équarrissage, c'est
168 lignes, dont le carré est de 28,224 :
c'est donc, pour chacune des quatre-
vingts années, une croissance qui est
assez ordinaire pour plusieurs des arbres
à bois dur, en terrain de très bonne
qualité, de 352 lignes cubes : il y a donc
eu constamment une augmentation accélérée d'année en année. Si, à quatre-
vingt-un ans, l'équarrissage est de 170
lignes, le carré sera de 28,900 lignes ;
la croissance de la dernière année sera
de 676 : elle est donc supérieure à toutes celles qui l'ont précédée. Si, à quatre-vingt-deux ans, l'équarrissage est
de 171 lignes et demie, le carré sera de
29,412 : la croissance de cette dernière
année est donc de 412 lignes ; elle est
inférieure à celle de quatre-vingt-un
ans ; mais elle est encore supérieure à
toutes celles qui, prises ensemble, ont
précédé le dernier âge. Si, à quatre-vingt-
trois ans, l'équarrissage est de 172 li-

gnes, le carré sera de 29,584: la croissance de cette dernière année n'est donc que de 172 lignes: alors il y a profit d'abattre, attendu que, jusqu'à cette époque, on avait eu annuellement un accroissement de bois de plus de 352 lignes cubes, et qu'il vaut mieux replanter un nouvel arbre qui en redonnerait encore autant. Pour connaître l'époque où il est profitable d'abattre les arbres, il suffit donc de s'assurer si les acroissemens de leurs dernières années sont moins forts que ceux des premières. Par exemple, si un peuplier a cru annuellement, pendant une quarantaine d'années, l'une portant l'autre, de 1,056 lignes cubes, par ligne de hauteur, et qu'à quarante-un, quarante-deux, etc., il ne croisse plus que de 704 lignes, que de 528, etc., il est certain qu'il y a ralentissement, et qu'il vaut mieux l'abattre, pour en replanter un autre qui donnera encore, pendant une quarantaine d'années, un accroissement annuel de 1,056 lignes cubes, par ligne de hauteur.

Dans les forêts, lorsque la vieille écorce est sur sa décroissance, on s'en aperçoit souvent à ses feuilles jaunes en été, et qui tombent de bonne heure à l'automne : c'est un indice que l'arbre est, ou doit être bientôt couronné, et qu'il va s'altérer dans le cœur ; car c'est toujours dans cette partie que commence sa désorganisation : c'est encore ici la même marche que dans les êtres animés, puisque ceux-ci ne périssent généralement que par les vices qui se manifestent dans leurs organes internes.

Un taillis de dix ans, ou âgé de dix feuilles, comme on le dit en plusieurs lieux, qui aura une vingtaine de pieds de hauteur, peut, n'étant point surchargé de vieille écorce, donner par hectare, s'il est en bon sol, et si l'essence du chêne y domine, car en bouleau et autres bois tendres, il en donnerait davantage, trois cordes ou douze stères environ, de rondins du poids ensemble de cinq mille kilogrammes[1] ;

(1) La corde ordinaire est de huit pieds de couche sur les trois pieds six pouces de la longueur de la bille, et de quatre pieds de hauteur : elle donne donc cent douze pieds cubes de bois; le stère étant de vingt-sept pieds cubes, les quatre en donnent cent huit pieds, c'est-à-dire, à quelque chose près, l'équivalent d'une corde. Ils approchent encore davantage dans l'ancienne mesure, parce que le

vingt centaines de fagots, pesant l'une deux mille environ: total du bois pour le tout, quarante-cinq mille kilogrammes. A vingt ans l'hectare peut donner trente cordes ou cent vingt stères de rondins, pesant ensemble, vu que le bois, ayant moins d'aubier, est plus lourd que celui de dix ans, soixante mille kilogrammes, et quinze centaines de fagots (non compris la brindille d'une valeur très médiocre), pesant au moins trente mille : total pour le tout quatre-vingt-dix mille kilogrammes. A trente ans, l'hectare donnera cinquante cordes de rondins, pesant cent mille, et douze centaines de fagots, pesant vingt-quatre mille : total, pour le tout, cent vingt-quatre mille kilogrammes: ce qui ne donne pas une moitié de produit au-delà de ce qu'on en tire à vingt ans. A quarante ans, l'hectare donnera soixante-dix cordes de rondins, pesant cent quarante mille kilogrammes et dix centaines de fagots pesant vingt mille: total, pour le tout, cent soixante mille kilogrammes ; quantité qui n'est pas un

pied ancien était un peu plus petit que le pied métrique actuel.

tiers plus forte que le produit de trente ans, ni le double de celui de vingt: or, si le produit des éclaircis ne peut couvrir ce déficit, comme nous le verrons, il en résulte qu'il y a, pour le consommateur, comme pour le propriétaire, de l'avantage d'abattre à vingt ans.

Dans les campagnes une centaine de bons fagots fait, quoi qu'en ait dit M. de Perthuis, pour les boulangers et autres artisans, et pour les ouvriers qui ne font guère de feu que pour préparer leurs alimens, autant de profit qu'une corde de bois: elle n'en fait que les trois cinquièmes pour le vendeur, parce qu'une centaine de fagots d'un mètre et demi de long, et de vingt deux pouces de pourtour, serrés au chevalet, ne se vend environ que dix-huit francs quand la corde en vaut trente; la raison de cette différence de prix vient de ce que le fagot est d'un emploi moins agréable. A dix ans, nous trouvons trois cordes de rondins, et vingt centaines de fagots: le produit pour la consommation, s'il n'était pas très médiocre, serait donc équivalent à vingt-trois cordes. A vingt

ans, nous trouvons trente cordes de
rondins et quinze centaines de fagots ;
le produit pour le consommateur est
donc équivalent à quarante-cinq cordes,
en marchandise de bonne qualité. A
trente ans, nous trouvons pour les
consommateurs un produit équivalent à
soixante deux cordes, quantité qui n'est
pas de moitié plus forte que celle de
vingt ans. A quarante ans, nous trouvons, pour les consommateurs, un produit équivalent à quatre-vingts cordes,
quantité qui n'est pas un tiers plus forte
que le produit de trente ans, ni le double de celui de vingt : or, dans l'intérêt
des consommateurs, l'aménagement à
vingt ans est le plus profitable.

A vingt ans, le propriétaire trouve,
dans un hectare de taillis, trente cordes
de rondins à trente francs, et quinze
centaines de fagots à dix-huit francs :
total onze cent soixante dix-francs. A
trente ans, il trouve cinquante cordes
de bois à trente francs, et douze centaines de fagots à dix-huit francs ; total
dix-sept cent seize francs, somme qui
n'est pas de moitié plus forte que celle
du produit de vingt ans. A quarante ans,

il trouve, pour soixante-dix cordes de rondins, et pour une dizaine de cents de fagots, deux mille deux cent vingt francs, somme qui n'est pas un tiers plus forte que celle du produit de trente ans, ni le double de celle du produit de vingt : or, dans l'intérêt du propriétaire, il y a encore avantage d'aménager à vingt ans. Observez qu'il eût pu tirer quelques valeurs des éclaircis ; mais elles ne pourraient jamais équivaloir à l'intérêt de la première somme qu'il eût pu tirer en faisant une coupe totale à vingt ans.

On objectera peut-être que toutes les suppositions qu'on fait sur les produits des bois sont très éventuelles ; que les taillis sont plus ou moins épais, qu'ils poussent plus ou moins vite suivant le sol et leur position, et qu'alors leurs produits sont très différens : cela n'est pas contestable ; mais nous croyons pouvoir assurer qu'il y aura toujours dans toute situation, sous le rapport de l'âge, des produits proportionnés avec ceux des coupes que nous venons de considérer, et que nous supposons en terrain très favorable à la végétation du bois.

On est étonné de voir Varenne

Feuille faire un calcul de théorie, pour prouver qu'une forge peut avoir intérêt d'aménager à trente ans : une forge au contraire ne veut pas de trop grosses billes : quand elle en possède dans ses bois, elle a soin, assez généralement, de les faire mettre à part, et de les vendre autant qu'elle en a la possibilité, et surtout quand elle peut en échanger le prix contre de la billonnette, qui est beaucoup moins chère et qui admet ordinairement, dans la corde, des billes jusqu'à trois et quatre pouces de pourtour; tandis que la corde pour le feu des particuliers, rejète toutes celles qui seraient au-dessous de dix à douze pouces. La corde de billonnette, qui s'élève, comme toute autre, sur huit pieds de couche et quatre de hauteur, ne contient que des billes de trente pouces de long, parce que cette longueur est plus facile pour former les fourneaux de carbonisation. Elle donne trois sacs et demi à quatre sacs de charbon, contenant, l'un, la voie de Paris ou deux hectolitres : elle ne se vend ordinairement que les deux cinquièmes du prix de la corde ordinaire, dont la bille a un mètre un sixième de longueur : pourtant cette dernière ne donne que sept sacs de charbon, à peu près le cinquième de son poids, comme tous les autres bois qui ne sont pas trop surchargés d'eau séveuse, ni de trop grosses billes, dont le cœur n'arrive à l'état de charbon qu'après la combustion de l'aubier en poussière charbonneuse.

Feu M. de Perthuis, qui possédait, on n'en peut douter par son Traité de l'aménagement, et par les savans articles qu'il a fournis sur les bois conjointement avec M. Bosc, à l'excellent Dictionnaire d'Agriculture, imité de celui de Rosier, des vues très sages et des connaissances pratiques sur l'exploitation des bois, est pourtant tombé dans une erreur bien étrange : dans le plus bas prix, il estime la corde ordinaire de rondins à sept francs cinquante centimes, et la billonnette seulement à quatre-vingts centimes : celle-ci ne peut nulle part être estimée moins des deux cinquièmes du prix de la première; comme charbon elle en donne la moitié; et si on la destinait, en nature, au combustible, on en préférerait toujours trois cordes à une de grands rondins : donc si

celle-ci vaut sept francs cinquante centimes, l'autre doit valoir au moins
deux francs cinquante. M. de Perthuis aurait dû, comme praticien, voir
la fausseté de son assertion, dans le prix
de la façon du bois : un bûcheron ne
peut pas, abat, débit et montage, faire
au-delà d'une corde de billonnette par
jour : peut-il en exiger moins d'un franc?
Si la corde de billonnette est au-dessous
de ce prix, elle ne vaut donc pas la façon, et le bois est pour le propriétaire
sans aucune valeur : c'est dans ce cas
qu'on le défriche ou qu'on l'abandonne
aux pâturages qui ont au moins quelque utilité.

L'aménagement que nous venons
d'examiner, dont le maximum de l'âge
serait à vingt ans, nous semble réunir
tous les avantages désirés : par son moyen
on jouit promptement de sa propriété ;
on en retire tout le revenu dont elle est
susceptible ; on favorise surtout le repeuplement de ses bois, parce que les abats,
faits à vingt ans, permettent aux rejets
de refermer promptement les lèvres de
l'écorce des souches : dans les abats
plus agés, ces lèvres ne se referment

plus; si elles y parviennent, ce n'est qu'après beaucoup de temps, et lorsque grand nombre de souches ont été gâtées par le soleil et par les pluies. Si, dans le taillis, l'essence du chêne ne domine pas, et que ce soit le charme ou autre essence d'une végétation très lente, on pourra néanmoins reculer l'aménagement de quelques années : on pourra attendre, par exemple, si la croissance est toujours progressive, que les brins aient à peu près un poids de vingt à quarante kilogrammes : dans les bois tendres, leur croissance s'effectuant en moins d'années, on doit au contraire aménager à plus court terme : pour le bouleau et la marsault, on ne doit pas dépasser douze à treize ans, parce qu'ils ne repoussent guère sur souches quand ils ont un âge plus avancé.

A douze à treize ans, le produit d'un bon taillis en essence de bouleau, non compris quelques baliveaux anciens et modernes qu'on y peut laisser pour bois d'ouvrage, comme dans toute autre essence, peut être égal à celui d'une chênée de vingt : mais il est moins élevé d'un tiers : ainsi il y a compensation.

Le hêtre ne repousse pas très bien de souche : il ne passe pas non plus pour avoir une vie aussi longue que le chêne : il y en a pourtant un qui n'est nullement altéré, dans les bois de Saint-Laurent, annexe de la forêt d'Ermenonville, d'une grosseur prodigieuse, ayant soixante-dix pieds de diamètre de branchage parfaitement arrondi, qui y est notable depuis près de trois siècles : plusieurs traditions locales prouvent évidemment que, dès le règne de Henri IV, on choisissait son ombrage pour y colationner ou se rafraîchir dans les chasses. On voit rarement le hêtre, après l'abat, repousser sur des souches de soixante à soixante-dix ans : il y a donc nécessité d'en rapprocher l'aménagement : quinze à dix-huit ans m'ont toujours paru un terme convenable pour cette espèce, je ne dirai pas en bon sol, parce qu'elle ne croît guère que dans ceux qui ont du fond, et où elle se plaît essentiellement.

Le chêne est le bois le plus commun dans nos forêts; mieux qu'aucune espèce, il végète dans presque tous les terrains, ceux très marécageux exceptés, et c'est aussi celui dont la végétation est la plus relative à la qualité du sol : de cela nous inférons qu'il est l'arbre sur lequel il convient que l'agronome se guide pour établir l'âge de la coupe des taillis. Dans les sols où il n'y a point de fond, on voit souvent le chêne pousser, dans les premières années, presque aussi fortement que dans les bons : bientôt il s'y ralentit, et à quinze ans la pousse annuelle, qui était d'un mètre dans la première année et de deux pieds dans la seconde, ne va plus qu'à un pouce ou deux, ensuite seulement à un bourgeon, quoiqu'il grossisse encore quelque peu : dans les terrains profonds, un peu glaiseux, où il se plaît, sa pousse de la première année ne va pas quelquefois à dix-huit pouces, mais elle augmente successivement les années suivantes, et il n'est pas rare de lui voir dépasser encore un mètre à l'âge de vingt ans.

Je crois qu'on peut, en général, poser le principe de l'aménagement des taillis dans leur division en trois classes. J'ai toujours aménagé de douze à quinze ans, les bois essence de chêne qui, croissant peu à cet âge, n'ont pas au-delà de quinze à dix-huit pieds de hauteur : à seize à dix-huit ans, ceux qui à cet âge n'offrent que vingt à vingt-cinq pieds d'élévation : à vingt ans, ceux qui à cet âge ont trente pieds, et s'élèvent bien encore. Enfin c'est toujours la force végétative du sol qu'il faut considérer, et l'essence du bois; et vingt ans, à peu d'exceptions près, nous semble le maximum de l'âge de l'aménagement des taillis, et dix ans en être le plus court terme : il faut pourtant en excepter les châtaigneraies, qui, par rapport à la confection des échalas et des cerceaux, réclament d'être coupées quelquefois dès l'âge de six à sept années : les aulnaies font de même exception : à dix ans beaucoup de leurs souches ne repoussent plus, et on ne les conserve jamais mieux qu'en recépant leurs tiges tous les cinq à six ans; elles donnent à cet âge du fagotage passable pour la boulangerie et pour les fermes agricoles.

Tous les aménagemens à très long terme ont nui à l'entretien du plant et au regarni des forêts : on en trouve la preuve en examinant celles qui y ont été soumises : elles sont toutes plus ou moins clair-semées : néanmoins, dans les bons sols, elles se sont mieux défendues, parceque les souches, qui y sont toujours plus fraîches, y ont péri plus difficilement ; mais dans les médiocres terrains les longs aménagemens y ont fait un mal incroyable : les cépées y sont maintenant espacées à de grandes distances, et elles n'y produisent pas, pour la plupart, sous le rapport de l'espace du terrain, le tiers de celles d'un bois qui en est suffisamment peuplé. Rapprochez-vous l'aménagement, en conformité de la nature du sol et de l'essence du bois? les taillis se garnissent bien, et ils donnent, souvent dans des terrains de très médiocre qualité, des produits, à l'exception de celui du balivage, qui ne sont guère inférieurs à ceux des taillis qui se trouvent dans les plus heureuses positions.

Depuis qu'on a replanté le bois de Boulogne, près de Paris, on y voit d'assez beaux taillis : si, malgré la pauvreté du terrain, on les recèpe souvent, ils se maintiendront : qu'on les compare avec ce qu'ils étaient devenus autrefois, par des abats trop reculés, et par des réserves de futaies pleines dans lesquelles on aurait à peine trouvé de quoi faire une mauvaise solive , on sera facilement convaincu de ce que nous avançons sur le résultat des trop longs aménagemens.

La coupe des taillis, telle que nous venons de la considérer , ne concerne que le bois qui peut être consommé par les divers foyers : il faut aussi de la charpente et du bois d'ouvrage : mais, avant d'en examiner la production , nous allons jeter un coup d'œil sur le besoin que la France peut avoir de bois de toute espèce, et sur ses ressources pour se le procurer.

En 1824 , la ville de Paris a consommé, en bois à brûler, un million cent quatre mille stères, ou environ deux cent soixante-seize mille cordes ; quarante mille centaines de fagots équivalentes à peu près à quarante mille grandes cordes; un million d'hectolitres de charbon, procurés par environ soixante-six mille grandes cordes: la consommation totale a donc été équivalente à trois cent quatre-vingt-deux mille cordes. La ville de Paris fait à peu près le quarantième de la population de toute la France: on peut supposer que, proportionnellement, elle consomme le double de bois de feu que les provinces; et si elle ne le fait pas, il est probable que les élagages des haies, des avenues et d'autres bois de la culture rurale, fournissent assez de supplément de combustible, dans les campagnes, pour rendre exacte notre supposition : afin d'avoir la consommation de toute la France, en bois de feu tiré des forêts, il suffit donc de multiplier celle de Paris par vingt : alors on trouve sept millions six cent quarante mille cordes ; quantité qui peut paraître faible pour le royaume, composé de trente millions d'ames, puisqu'elle ne va pas à une corde par quatre individus, les usines comprises : mais dans la classe du peuple, qui est la plus nombreuse, il y a des familles entières, composées de six, sept et plus de personnes, qui n'en consomment pas au-delà d'une corde, et plusieurs même n'en consomment point du tout. Dans l'ancienne Île-de-France, dans la Beauce, dans la Brie, et dans la Picardie, une bonne centaine de fagots est assez ordinairement, pour les ouvriers, l'approvisionnement annuel d'une famille entière.

La France peut posséder encore six millions d'hectares de forêts : en supposant que les futaies pleines et les vides en occupent un million, il en reste encore cinq à couper en taillis. Si les bois étaient tous aménagés à vingt ans, plusieurs peuvent et doivent l'être plus tôt, mais nous avons vu que si le bois n'est coupé qu'à un certain point de maturité ligneuse, le produit en sera toujours à peu près le même, ils offriraient deux cent cinquante mille hectares de ventes annuelles : lesquelles donneraient, d'après notre supposition de quarante-cinq cordes par hectare, onze millions deux cent cinquante mille cordes : mais cette évaluation est faite sur des bois bien plantés et en bon sol ; et comme il en est qui donnent des produits inférieurs, il faut réduire d'un tiers la production que nous venons de trouver : elle sera donc de sept millions cinq cent mille cordes ou de trente millions de stères.

La quantité du bois de combustible peut recevoir une grande augmentation, par de bons aménagemens, par les plantations des bords des chemins publics, des haies, des avenues, etc., dans les dépendances des fermes, sans nuire en rien à leur culture : mais la population peut aussi s'augmenter, et la production du combustible des forêts que nous venons d'estimer, n'est pas assez forte pour qu'on puisse rien négliger sur l'entretien et sur l'amélioration des bois ; autrement on en amènerait la disette, on obligerait plusieurs usines à cesser leurs travaux, et on réduirait une partie des malheureux à n'avoir plus de quoi préparer leurs alimens. On doit regretter que le nouveau code forestier n'ait pas imité, en fait d'aménagemens, la sagesse de l'ordonnance de 1669, qui avait fixé, pour des temps où le bois était pourtant encore assez commun, à dix ans le moindre âge de l'abat des taillis : on doit regretter qu'on ne s'occupe pas assez activement des moyens de transport pour les productions des forêts, afin de mettre entre elles plus d'uniformité dans leur valeur.

Nous avons dit qu'on pouvait s'en rapporter au soin des particuliers pour la culture des taillis : il est certain qu'ils y apporteront tout leur zèle, toutes les fois que la production en sera aussi profitable que toute autre : il y a pourtant quelques exceptions : un homme libre dans sa fortune, bon père de famille et bon citoyen, ne se portera pas à détruire une production qui en vaut une autre : mais s'il n'est qu'une sorte d'usufruitier, il peut faire arracher des bois, surtout si le produit de l'arrachis est au-dessus de la dépense; ce qui a lieu quand la corde de souches, qui peut exiger pour être arrachée et façonnée six journées d'ouvrier, vaut au-delà de neuf à dix francs : après avoir fait la coupe d'un taillis, la jouissance d'un usufruitier se trouve suspendue pour vingt ans; tandis qu'il peut, en défrichant, toucher encore toutes les années le loyer d'un terrain qu'il réunit à la culture rurale : or la loi doit être en garde contre ces désordres possibles, et on ne peut qu'approuver la défense qu'elle fait d'arracher des bois sans la permission du Gouvernement.

La végétation des arbres présente quelquefois des phénomènes de promptitude et de force très extraordinaires, et quelques auteurs forestiers s'en sont fait des bases pour établir le produit des bois : on a vu un chêne, dans telle ou telle forêt, avoir cent pieds de hauteur, soixante pieds de pile, et vingt pieds de pourtour, et on s'est flatté de l'espérance que presque tous les arbres pouvaient parvenir à cette force : il faut être en garde contre ces fausses idées : elles ont, je pense, beaucoup contribué à faire croire qu'on trouverait assez de ressource, pour la charpente, dans l'établissement des futaies pleines, et qu'on pouvait proscrire la futaie sur taillis, comme contribuant à dégarnir les bois, parce qu'on lui a attribué des vides qui ne proviennent que de l'abus des pâturages, des aménagemens à long terme, et du balivage mal espacé.

Nous avons déjà fait mention de la qualité du bois des futaies sur taillis, et tous les constructeurs partagent notre opinion sur son avantage. Les baliveaux débarrassés d'un gaulis où ils se sont étiolés, se trouvent souvent sans force pour résister aux coups de vent, aux grandes gelées, au choc des voitures qui débardent les ventes ; ce sont des inconvéniens qui nuisent peu à la repousse des taillis, puisque tous ces arbres se trouvent encore sans branchage. A la première recoupe du taillis, on retranche tous les baliveaux modernes qui sont viciés, et le bois n'en reste pas moins garni de futaie en suffisante quantité, parce qu'on a dû en laisser pour parer au déchet. On peut observer que peu de temps après l'abat d'un gros arbre, dans un taillis, la place qu'il occupait se trouve toujours à la suite, une des mieux garnies de nouvelles essences, par le résultat d'une terre moins herbeuse, plus meuble, et par les semis, les marcottes et les drageons naturels qui y végètent admirablement.

Un propriétaire ne se détermine pas volontiers à établir des futaies pleines, parce qu'il se prive de la jouissance pour un avenir sans terme à son égard : mais il ne regarde pas comme une privation quelques brins qu'il laisse dans un hectare de taillis, pour y renouveler la vieille écorce. Cependant elle peut en augmenter la valeur quelquefois de plus d'un tiers : partout où elle est bien espacée, elle ne diminue pas au-delà d'un dixième le nombre de brins du taillis, et elle fournit en abondance des semences pour le repeuplement : elle procure une grande partie de la charpente pour les villes, et presque toute celle qui s'emploie dans les campagnes. L'importance de la futaie sur taillis est si grande que, malgré toutes les opinions inconsidérées qui ont été contraires à leur établissement et à leur conservation, les propriétaires heureusement en conservent toujours et plus que jamais : peut-être même que leur défaut est d'en trop conserver pour l'avoir belle, et ne point nuire au taillis. Un propriétaire fait une vente de dix hectares, il veut qu'on y conserve, à raison de trente-deux pour chacun, trois cent vingt baliveaux; il laisse à son garde le soin de les marquer, et celui-ci les prend où il croit voir les brins les mieux venans, sans s'occuper de l'espace qu'il faudrait mettre entre eux, et alors le taillis n'en contient pas d'un côté, tandis qu'il en est surchargé d'un autre : il est essentiel d'en laisser à peu près partout également. Plusieurs végètent-ils avec désavantage? on les abat plus tôt, pour faire de la petite charpente, et ils servent toujours à donner des graines.

Les modernes et les vieilles écorces des futaies sur taillis, qu'on a vu souvent débiter en bois à brûler, par les acquéreurs des ventes, a été regardé comme une preuve de leur mauvaise qualité : c'est une erreur. Les marchands exploitent en bois à brûler toute espèce de bois, lorsque le prix de quinze pièces de charpente ne s'élève pas au-delà de celui d'une corde ou de quatre stères de bois à brûler, parce que , copeaux et équarrissage compris, elles en contiennent environ la même quantité. Or où le bois vaut cinquante francs la corde, on ne débitera point en bois d'ouvrage, si la pièce, façon déduite, ne vaut pas près de quatre francs.

Le nombre de seize baliveaux par arpent , ou de trente-deux par hectare, nous a toujours paru trop considérable, et surtout pour les taillis aménagés à des termes très courts : l'aménagement est-il à quinze ans ? le chêne en met-il cent vingt à croître ? la moitié des baliveaux seulement parviennent-ils à bien, et sont-ils conservés ? il se trouve sur un seul hectare de taillis, cent vingt-huit arbres: ce qui est presqu'autant qu'il en pourrait contenir s'il était tout en futaie pleine : cette surcharge de futaie se remarque en plusieurs lieux, et c'est sans doute ce qui l'a fait considérer comme nuisible à la croissance des gaulis, et ce qui l'a fait quelquefois convertir en bois à brûler, parce qu'elle était défectueuse ou qu'il y en avait au-delà de la consommation qu'on en pouvait faire comme charpente.

Je ne crois pas qu'on doive laisser plus de vingt-quatre baliveaux, par hectare, dans l'aménagement de vingt ans : s'en trouve-t-il, à quarante ans, le tiers, tant de viciés que de mal venans ? il en reste encore seize pour faire des modernes. On en peut conserver dix à la coupe suivante, c'est-à-dire à soixante ans, pour faire de vieilles écorces : de sorte qu'en total il se trouverait, dans chaque hectare de forêt, et dans une proportion à ne point nuire au taillis, vingt-quatre baliveaux, seize modernes et dix gros arbres, total cinquante pièces, dont dix vieilles écorces au moins qui arriveraient à quatre-vingts ans. Dans les aménagemens des bois durs, au-dessous de vingt ans, les vieilles écorces seront abattues plus jeunes ; ce qui est assez convenable, puisque n'étant établies que sur de médiocres terrains, leur croissance s'y arrête plus tôt : elles peuvent servir pour faire de la petite charpente ou entrer dans la corde. Si les taillis sont en bois tendres, les baliveaux seront infailliblement de même nature, et croissant plus vite, ils peuvent encore s'accommoder d'un aménagement à court terme. Un bouleau et un tremble, etc., à quarante-huit ans, quatrième révolution de l'aménagement de douze ans, ont acquis à peu près toute leur force, et ils peuvent servir comme bois d'ouvrage. Ainsi nous pensons que la loi devrait obliger tout propriétaire à laisser dans ses bois, par chaque hectare, vingt-quatre baliveaux, seize modernes, et au moins dix vieilles écorces : on peut être assuré que la plupart sauront bien encore conserver, parmi ces dernières, celles qui seront de la plus belle espérance.

La France, comme nous l'avons déjà dit, peut avoir au moins cinq millions d'hectares de forêts et bois à mettre en taillis : le tout étant considéré, par réduction, comme soumis à l'aménagement vicinal, nous avons trouvé qu'il y en avait deux cent cinquante mille à abattre annuellement ; à raison de dix vieilles écorces, nous trouvons de celles-ci deux millions et demi, non compris les abats des modernes qu'on ne veut pas conserver : le quart de ces arbres, le fort portant le faible, pourront donner une pile d'un pied d'équarrissage, sur vingt-sept pieds de hauteur, c'est-à-dire un stère de bois : ceux du second quart, en sol moins bon, n'en donneront que la moitié : ceux du troisième ne donneront que la moitié de ceux du second : et ceux du quatrième en mauvais sol, que la moitié de ceux du troisième : enfin le tout réuni, ils ne donneront pas moins d'un million cent soixante-onze mille stères ; ressource immense dont on serait bientôt privé, si on en croyait plusieurs personnes qui pensent avoir, sur l'exploitation des forêts, des connaissances aussi positives en pratique qu'elles en ont de belles en théorie [1].

(1) Nous observerons, pour ceux de nos lecteurs qui ne connaissent que l'ancienne manière de compter le bois d'ouvrage par solives, ou par ce qu'on appèle à Paris la pièce de charpente, que celle-ci, contenant six pouces d'équarrissage sur douze pieds de long, ou trois pieds cubes, est la neuvième partie du stère, puisque ce dernier, ayant

La ville de Paris a consommé, en 1824, époque de ses plus grandes constructions, environ soixante et un mille stères de charpente; cinq millions cinq cent quarante et un mille mètres courans de planches, équivalant à environ cent deux mille stères; trois cent mille boîtes de lattes qui ont pu nécessiter le débit de huit mille stères : total cent soixante-onze mille stères de bois d'ouvrage. On peut supposer, sans crainte d'erreur bien sensible, que la ville de Paris a fait proportionnellement, en 1824, au moins le quadruple de consommation, en bois industriels, de ce qu'en peut faire le reste de la France : elle fait le quarantième de la population : or, en multipliant par dix ce qu'elle a employé, on trouvera que la consommation annuelle de tout le royaume peut être d'un million sept cent dix mille stères, pour tous ouvrages, depuis celui du charpentier, jusqu'à ceux du tabletier et du tourneur.

La France a, pour se procurer du bois d'ouvrage, indépendamment de la vieille écorce de ses forêts, les avenues et

neuf pieds de surface sur trois de hauteur, contient vingt-sept pieds carrés.

les plantations des chemins publics. Les quarante mille communes environ dont elle est composée n'offrent pas moins de quatre-vingt mille myriamètres de routes et chemins communaux : si le tiers seulement de ces chemins était bordé d'arbres à bois d'ouvrage et le reste en arbres fruitiers, à raison de deux mille huit cents par myriamètre pour les deux côtés, plantés de cinq à huit mètres de distance, suivant les espèces, nous trouverions que les bords des chemins publics devraient offrir, en bois d'ouvrage, environ soixante-quatorze millions d'arbres dont un million pourrait être abattu annuellement et donner chacun au moins deux tiers de stère de bois industriels : il y aurait quelque déficit dans les arbres, et quelques vides dans les lignes d'abats ; mais les avenues des particuliers, les diverses plantations dans les exploitations rurales, les couvriraient amplement. Or les futaies sur taillis et les arbres des chemins publics peuvent fournir tous les bois d'ouvrages que la France peut consommer ; il resterait pour réserve, et pour suppléer au service public extraordinaire, l'équivalent du produit des arbres résineux, et des futaies pleines dont nous allons bientôt parler.

Si la loi l'ordonnait, la futaie sur taillis serait bientôt en bon ordre, parce qu'elle est déjà presque toute créée : mais à l'égard des arbres de ligne, nous n'avons pas, malheureusement, malgré les avenues et les belles plantations que plusieurs particuliers ont faites dans leurs domaines depuis une vingtaine d'années, la moitié de ce que pourrait donner leur plantation complète. Cet objet est d'une si haute importance, qu'on peut assurer que nous serions bénis des générations futures, si nous nous en occupions sérieusement : en donnant ce soin aux autorités municipales, on ne pourrait point espérer ni des vues assez grandes, ni assez d'unité dans les opérations ; il faudrait une autorité centrale, soit particulière, soit annexée à l'administration des ponts et chaussées, ou à celle des forêts ; avec une douzaine d'inspecteurs généraux et les inspecteurs voyers qu'on a déjà dans chaque arrondissement, dont le total est de trois cent cinquante-sept, et qui, pour la plupart, font aujourd'hui si peu de chose qu'on s'aperçoit à peine de leur existence : tous ces agens voyers veilleraient non-seulement à ce que les chemins fussent bien plantés, mais encore à leur bon entretien, et à ce que les arbres qui les bordent ne fussent abattus qu'à maturité.

La loi a ordonné que, partout où cela serait nécessaire, dans les campagnes, la voie publique serait élargie : à fin de ne point anticiper sur les propriétés particulières et riveraines, elle a limité à dix-huit pieds la plus grande largeur qu'on pourrait lui donner : elle est insuffisante : voulez-vous rendre la circulation des bestiaux facile? il la faudrait au moins de huit mètres. Si chaque ligne de plantation emploie un mètre un tiers, c'est-à-dire si elle est placée de chaque côté au milieu des quatre derniers pieds, la distance, entre les deux lignes d'arbres du chemin, sera de vingt pieds. Veut-on empêcher les voitures de pouvoir frapper les arbres? il est à propos de faire des fossés intermittens entre eux: ces fossés reçoivent les eaux du chemin, et servent à porter de l'humidité au pied des arbres : ont-ils trois pieds d'ouverture? il reste, de la voie, dix-sept pieds pour les voitures ; les arbres se trouvent plantés, sur le chemin, deux pieds en avant de l'extérieur, c'est-à-dire à deux pieds de la propriété des riverains qu'il s'agit de respecter.

Comme les arbres des voies publiques portent de l'ombrage et des racines sur les terres qui les cotoyent, il est de toute justice que le propriétaire puisse planter le côté du chemin communal près duquel longe sa propriété, en se conformant à l'ordre et à l'espèce de la plantation arrêtée par l'autorité administrative : on pourrait obliger celle-ci d'entendre et d'inscrire, dans ses procès-verbaux, les avis du conseil municipal sur chacun de ses arrêtés au sujet des plantations. Le propriétaire se refuse-t-il de planter ? à son défaut, comme nous l'avons déjà dit, dans notre *Traité de culture rurale*, la plantation des chemins publics devrait être exécutée, à l'aide de centimes additionnels aux contributions publiques, aux frais, et au profit des communes.

On a proposé de couper *à blanc étau*, c'est-à-dire en totalité, et par vente, les forêts à bois résineux, telles qu'on en voit dans les montagnes des Pyrénées, de l'Auvergne, du Jura, des Vosges et autres, qui, comme on sait, ne repoussent jamais de souches, et ne peuvent point former de taillis ; c'est autant dire proposer leur destruction : faute de moyens pécuniaires et de l'espoir d'une jouissance qu'il faut attendre un siècle, et vu aussi la difficulté de faire végéter des arbres verts dans des terrains sans ombrage, elles ne seraient point replantées pour la plupart. Dans ces sortes de forêts, il faut en tirer le produit en les jardinant, c'est-à-dire en extrayant, à différentes époques, tous les arbres parvenus à leur grosseur : un nouveau plant lève, à demi-ombrage, dans les places vides, et il devient l'espérance successive de la futaie. M. Harting a proposé de couper à blanc les arbres verts par bandes d'une vingtaine de mètres, dans l'espoir que celles restantes pourraient servir d'ombrage à la levée des graines qu'elles répandraient dans celles qui seraient abattues. Si cette méthode est suivie dans quelque lieu, le résultat décidera de ce qu'il en faut penser.

Un hectare de futaie d'arbres verts peut en contenir trois cents de tout âge, les très jeunes exceptés : on y peut faire, tous les vingt ans, l'éclairci d'un cinquième : un particulier qui en aurait un massif de vingt hectares pourrait donc, s'il en éclaircissait un par année, y trouver soixante arbres qui pourraient lui donner, non compris le branchage, autant de stères de bois d'ouvrage : et si chacun de ceux-ci valait seulement dix francs, son massif lui donnerait un revenu de six cents francs.

On peut supposer que l'Etat, les communes possessionnaires, au nombre de sept à huit mille, et les établissemens publics, possèdent ensemble la moitié des forêts du royaume, c'est-à-dire trois millions d'hectares de bois : il peut y en avoir dans ce nombre le tiers en bonne essence de chêne, et sur des sols propres à la futaie pleine : si on y établit les quarts de réserve, on aura donc, pour toute la France, deux cent cinquante mille hectares de haute futaie, et nous ne croyons pas qu'il soit prudent d'en établir davantage, si on ne veut pas voir décroître encore l'étendue des forêts, par des friches qui succèdent si souvent aux futaies pleines, et surtout quand on les établit sur des sols médiocres. Aménagez-vous les futaies à cent vingt-cinq ans, avec réserve de vingt des plus belles pièces par hectare, pour aller à un âge plus avancé, et donner des poutres rares, pour les besoins extraordinaires? vous aurez deux mille hectares de futaie à abattre par année, contenant environ chacun cent cinquante arbres, et en total trois cent mille : la moitié de ces arbres, le fort portant le faible, peut donner deux tiers de stère de bois d'ouvrage; l'autre partie n'en donnera qu'un demi-stère; enfin, dans le total réuni, on trouverait cent soixante-quinze mille stères de charpente; très belle ressource, si elle pouvait n'être considérée que comme réserve, en supplément des autres bois qui suffiraient à la consommation ordinaire.

On pourrait doubler, et même quadrupler le produit des futaies pleines, en réservant tous les taillis qui peuvent en donner convenablement, sauf à les replanter après l'abat; mais elles seraient encore loin de pouvoir suffire à la consommation sans le secours de la futaie des autres bois : quant à en établir sur

des sols médiocres, il faut absolument
y renoncer : on n'y obtiendra jamais
que des bois de rebut : on ne l'a que
trop vu, et notamment dans les domaines du Roi, où l'on a même prolongé les
aménagemens jusqu'à trois cents ans.
Aussi n'offraient-ils plus, çà et là, que
quelques arbres couronnés et mourans.
Observez qu'en convertissant des taillis
en futaie pleine, on se prive de presque tous les bois à brûler qu'ils peuvent
donner, et qu'on en retire à peine le
double en futaie : un taillis aménagé à
vingt ans, procure six coupes en cent
vingt ans et si l'une donne seulement
dix vieilles écorces par hectare, on en a
recueilli soixante avant le dernier âge de
la futaie qui n'en fournit que cent cinquante.

On a beaucoup vanté, depuis une
cinquantaine d'années, les éclaircis, dans
les taillis, et on en a encore beaucoup
exagéré les résultats sur la végétation,
comme sur les produits qu'on en peut
retirer : on a pris sans doute ces données
sur des taillis dans les parcs et autres
lieux privilégiés. Pour que les éclaircis
soient avantageux, dans les forêts, il

faut qu'ils soient exécutés avec des soins très particuliers, et ils sont sujets à tant d'abus graves qu'on ne sait vraiment pas si on doit les recommander : les fait-on faire à la tâche, à tant l'hectare? ils ne le sont qu'à moitié, et le bois est mal coupé sur les souches : les fait-on faire à la journée? les ouvriers travaillent peu, et ils vous causent des dépenses excessives : donne-t-on le bois pour la façon, en exige-t-on une valeur pécuniaire? l'ouvrier et l'entrepreneur coupent une partie des brins à conserver. Cependant si l'éclairci est mal fait, il devient plus préjudiciable qu'il n'est utile, et vu tous ces inconvéniens, il ne nous semble exécutable que sous les yeux d'un propriétaire éclairé.

Les éclaircis, quoiqu'ils soient une imitation de la nature qui ne conserve, aux différens âges, que les brins que le sol peut nourrir, ne sont vraiment utiles que dans les aménagemens de douze à vingt ans, et faits seulement à la moitié du terme de ceux-ci, quand les menus brins coupés peuvent au moins payer la façon : ils font croître le bois d'un huit ou dixième plus vite; mais seulement dans les taillis à brins très drus : ailleurs ils sont rarement profitables; ils ne serviraient qu'à retrancher des branches qui pourraient profiter. Un beau taillis aménagé à vingt ans, peut être éclairci à dix : on retranche à peu près la moitié des brins, non compris les brindilles; et comme ce ne sont que les plus petits, on n'en retire que le quart au plus de ce qu'on en aurait en coupant le tout : on n'en peut donc pas obtenir par hectare au-delà de douze milliers de kilogrammes, avec lesquels on fait six centaines de médiocres fagots : si les bons valent dans le pays vingt francs, ceux-ci en vaudront dix environ; ils donneront donc soixante francs, moins dix-huit à vingt, que coûteront douze à quinze journées d'ouvriers qu'il faut pour éclaircir un hectare de taillis de dix ans : le bénéfice net sera donc de quarante à quarante-deux francs.

Quand on veut laisser les taillis grandir en futaie, un nouvel éclairci peut se faire à vingt ans : à cette époque, en coupant net sur la souche, sans faire d'éclat, ni laisser de chicot, la sève recouvre encore promptement les plaies :

on retranche environ la moitié des brins ; ils peuvent donner vingt-quatre mille ki-logrammes de bois par hectare, faisant douze centaines de bons fagots : l'éclairci peut coûter quarante francs, et si on suppose que chaque centaine de fagots vaille la moitié de cette somme, on a de bénéfice net deux cents francs.

A trente, à quarante, à cinquante ans, on peut éclaircir les futaies pleines, mais l'opération devient alors extrême-ment délicate : il n'y a plus à couper sur les souches, car les plaies qu'on y ferait ne se refermant plus, ou ne se refermant qu'avec une extrême lenteur, les pluies et l'air les altéreraient ; elles pourriraient en partie, et la futaie dont on voulait favoriser la pousse, n'aurait plus qu'une végétation languissante, et ne donnerait que du bois défectueux : il faut donc, dans ces derniers éclaircis, ôter les cépées entières, et ne toucher qu'avec une extrême circonspection à celles où sont les tiges qu'il convient de conserver. Du reste, l'éclairci est-il bien fait ? il est certain qu'il favorise le déve-loppement des arbres ; étant moins pres-sés les uns par les autres, non-seulement ils acquièrent plus de force, ils se couronnent aussi plus tard.

A quelle époque, dans la vue de favoriser la repousse, est-il avantageux de recéper les taillis, et comment doit-on les recéper ? Lorsque vous les abattez à l'automne ou pendant l'hiver, l'écorce se détache du bois, la souche se gerce, les gelées l'altèrent, et l'œil de la repousse sort plus faible et plus difficilement. Lorsque vous abattez au printemps, du 20 mars au 20 avril, la sève, étant à son départ, fait que l'écorce coupée sur la souche découle sa liqueur séveuse ; elle forme une matière gluante entre le liber et l'aubier qu'elle tient unis ; les lèvres de l'écorce grossissent immédiatement, elles forment un bourrelet pour couvrir l'entaille de la cognée, et les jeunes scions, sortant d'un pied qui n'a rien d'altéré, poussent admirablement. Après le 20 avril, on a la crainte de trouver la sève trop ascendante, et de n'en avoir point assez dans la souche pour parer au grand hâle du printemps qui la dessèche : il n'est pourtant pas rare de lui voir surmonter cet inconvénient, et donner encore des rejets vigoureux. C'est pourquoi, dans la confection du tan, l'écorçage du chêne qui ne se fait jamais mieux que dans le mois de mai, n'a pas tous les dangers qu'on s'est figuré, lorsqu'il est suivi immédiatement de l'abattage. Lorsqu'on prolonge l'écorçage jusqu'en juin, on perd une demi-feuille, c'est-à-dire, une demi-année : son plus grand défaut c'est de donner aussi des pousses en retard qui, à l'hiver, sont encore trop herbacées et trop tendres pour bien résister aux gelées.

On sait que la sève se partage en deux temps toutes les années, celle du printemps et celle de l'été : il y a un petit intervalle de repos entre elles, lequel est souvent assez bien marqué sur les scions nouveaux ; on le voit même quelquefois dans les couches ligneuses de l'aubier, et alors celles-ci font croire que le bois compte un plus grand nombre d'années qu'il n'en a réellement. Notez que la première sève semble être plus favorable à l'élévation de la tige, comme étant plus ascendante, et la seconde plus favorable à la grosseur de l'arbre, comme étant plus descendante.

Le plus mauvais des abattages est celui qui se fait dans le second et dernier temps de la sève, parce qu'il n'y a plus de pousse à espérer dans la même année, et que la souche étant forcée de rester trop long-temps sans activité, elle se dessèche et meurt presque toujours. Quant à l'abat d'automne, tout inférieur qu'il soit, comparé à celui du premier mois du printemps, il est souvent d'obligation, parce qu'on ne peut pas plus exploiter tous les bois dans quatre semaines, qu'on ne peut faire toute la moisson dans quatre jours : la coupe entre deux terres, c'est-à-dire, un peu au-dessous du niveau du sol, remédie en partie à ces inconvéniens, car si les lèvres de l'entaille sont recouvertes de terre, l'air ni le froid ne peuvent que difficilement les altérer, parce que, dans cette dernière position, la gelée a toujours peu d'intensité. Le thermomètre qui, étant placé à sept ou huit degrés au-dessus de terre, marquerait dix degrés au-dessous de zéro, ne descendrait pas à cinq s'il était sur le sol, et pas à deux s'il était en terre seulement de quelques pouces.

Dans plusieurs forêts on a vu les bûcherons couper ou plutôt hacher le bois un pied et plus au-dessus de terre, et laisser des têtards sur lesquels se forme le taillis ; c'est la plus vicieuse des exploitations : quoique le ravalement de ces souches ou têtards en fasse périr plusieurs, il est absolument nécessaire d'y procéder à la première coupe des ventes. Les arbres abattus un peu au-dessous du sol ne repoussent pas toujours pendant la première et la seconde année, avec autant de force que ceux qui sont abattus plus haut ; mais c'est le contraire dans les années suivantes. Dans les coupes au-dessus du sol, les tiges renaissantes ne peuvent se procurer aucune nouvelle racine : dans celles faites en terre, elles s'en procurent souvent assez pour vivre d'elles-mêmes séparées de la mère souche. Coupez-vous au-dessus de terre ? vous aurez beaucoup de tiges qui pousseront faiblement en prenant de l'âge : coupez-vous plus bas ? vous en aurez moins, mais bientôt elles pousseront mieux et plus longtemps. C'est dans celles-ci qu'on peut choisir quelques baliveaux, quand il y a impossibilité d'en trouver suffisamment en brins de semis ; on les abat lorsqu'ils sont devenus modernes, parce qu'à cet âge, il n'y a plus, pour l'ordinaire, rien de bon à en espérer.

Tout abattage de bois doit être fait proprement et sans éclat, ni déchirement sur l'écorce de la souche. Le bûcheron doit être habitué à couper des deux mains : il commence, après avoir dégagé de terre, avec la tête de la coignée ou autre intrument, le pied de l'arbre, par y faire à droite une entaille qu'il détache par le bas, et ensuite, sans changer de position, il en fait une à gauche, et il revient successivement de l'un à l'autre côté, jusqu'à ce que l'arbre, bien détaché de la souche, tombe autant dire de lui-même.

La coupe des taillis est sans doute une opération forcée et violente, et il faut la bien faire pour qu'elle ne soit pas préjudiciable : si elle est une imitation de la nature, ce n'est que dans les accidens : un arbre est-il brisé par les tempêtes ou par le tonnerre, de nouveaux jets naissent pour réparer le désordre. Il est pourtant des circonstances où les arbres, en de mauvais sols, ne pouvant plus suffire,

par la succession de leurs racines, à l'é-
vaporation d'une trop grande étendue
de branches, le retranchement de celles
ci leur fait prendre une nouvelle vigueur : c'est ce qui fait que la taille des
arbres fruitiers, dans les jardins, est
avantageuse, et sert souvent à les rani-
mer d'une manière étonnante : en dimi-
nuant le nombre des bourgeons, on procure plus de sève à ceux qu'on laisse.

Souvent la futaie sur taillis s'abat dans
la même année que la vente de l'aménagement : on y trouve l'avantage de n'y
point revenir deux fois ; mais on a moins
de facilité pour examiner la vieille
écorce, parce qu'il faut la chercher, et
la marquer à travers le gaulis qui est
encore debout : je préfère ne l'abattre
que l'année d'après : on y trouve l'inconvénient de briser quelques jeunes
repousses ; ce faible désordre disparaît
aussitôt la naissance d'une nouvelle
feuille : l'abat de la futaie après celui du
taillis donne l'avantage de pouvoir bien
choisir la charpente, d'examiner tous
les modernes et autres arbres mal venans, et de mieux espacer ceux qu'il
faut conserver.

Quant à l'enlèvement du bois des ventes, il serait bien à désirer qu'il pût avoir lieu avant les repousses du taillis, ou au moins avant le temps de la seconde sève : comme le gaulis abattu couvre tout le terrain, son séjour sur le sol, et le foulement des voitures pour le charger est très préjudiciable. Mais le prompt enlèvement du bois des ventes est souvent très difficile, parce que, s'il était forcé, il nuirait trop aux intérêts du marchand; celui-ci fait, autant qu'il le peut, son débit sur place; s'il en était autrement, il faudrait un débardage et un remontage de cordes qui lui deviendraient fort coûteux. Le dernier terme de l'enlèvement du bois des ventes devrait au moins avoir lieu au plus tard au premier de novembre; on accorde ordinairement jusqu'au premier avril suivant, et l'on a tort ; si le débardage se fait dans l'hiver, les terres peuvent se trouver très molles, et on ne saurait se persuader combien alors les profondes ornières des roues des voitures brisent de souches.

Dans l'aménagement des bois, il est convenable de faire aboutir chaque vente sur un chemin, ou sur une grande allée, afin de pouvoir faire tout le transport du bois, sans passer à travers d'autres taillis que pourraient abîmer les voitures. Une vente, une fois exploitée, ne doit plus être assujétie à aucune communication.

Des bornes ou des pieds cormiers, accompagnés de portions de fossés très ostensibles, doivent désigner toutes les encoignures et les limites des diverses coupes de chaque aménagement : la circonscription particulière des ventes, ainsi que celle totale du bois, peuvent aussi être déterminées par des sentiers de trois à quatre pieds de largeur, entretenus et élagués par les gardes ; c'est un excellent moyen pour éviter toute erreur dans l'arpentage, et pour faciliter la surveillance du bois, parce que le gardien, s'il est déjà favorisé par les grandes allées, peut facilement correspondre de l'une à l'autre, et circuler promptement de tous côtés. Après le débardage de chaque vente, il faut s'occuper d'en rafraîchir tous les fossés de clôture, ainsi que tous ceux d'égoût qui peuvent la traverser.

Si les marchands de bois se proposent

de faire du charbon , ordonnez, pour éviter tout désordre et destruction de plant, qu'ils ne pourront établir leurs fourneaux que sur les anciennes places où il en a déjà été confectionné, et à défaut absolu de celles-ci, que dans les lieux qui seront indiqués par le propriétaire ou par ses agens.

Une forêt doit, par rapport au sol, être divisée en triages, sur chacun desquels il faut asseoir un aménagement complet. La forêt est-elle toute en sol de même qualité? il est encore important de la diviser en plusieurs triages, afin qu'ayant des coupes moins étendues, et mieux rapprochées des divers consommateurs, elles puissent convenir à des marchands en plus grand nombre, et que la concurrence en fasse trouver un meilleur prix.

Lorsqu'on rectifie l'aménagement de ses bois, on se trouve exposé, dans les premières années, à en couper de différens âges, et il est impossible que cela soit autrement. Enfin, une portion de l'aménagement est-elle décidément trop jeune, si elle est bien venante, vous la renvoyez à la seconde coupe ; si elle est rabougrie, vous la rabattez, et l'ordre, par rapport à l'âge, s'établit en définitif pour toujours.

Les terrains soumis aux cultures rurales peuvent se donner à ferme, parce qu'il n'y a pas facilement cause d'en détériorer le produit à venir: si le fermier les cultive mal, s'il ne les fume point, le désordre est bientôt réparé : c'est très différent pour les bois; leur fermage est sujet à beaucoup d'inconvéniens, et tout propriétaire prudent ne s'y assujétira pas, parce que, s'ils sont mal exploités, il faut souvent le cours de plusieurs générations pour pouvoir y apporter un remède efficace : le fermier d'un bois n'a aucun intérêt à laisser et à soigner de beaux baliveaux; il fera pour l'ordinaire exploiter le plus qu'il pourra, au meilleur compte possible, et il choisira de mauvais ouvriers pour exploiter, s'ils lui coûtent moins cher que de bons; peu lui importe comment se fait l'abat, il ne tient qu'à la récolte du moment, et nullement au succès des repousses nouvelles.

FIN.

TABLE

DES MATIÈRES.

Chap. Ier. Considérations générales sur les bois et forêts.................. 1

Chap. II. De la végétation des arbres....... 33

Chap. III. Des semences, des regarnis et des plantations de bois........... 75

Chap. IV. De la qualité des bois........... 131

Chap. V. De l'aménagement des bois...... 181

ERRATA.

Pag. 77, lign. 26, au lieu de *peu humides*, lisez *un peu fraîches.*

» 108, » 22, au lieu de *ou essence*, lisez *en essence.*

» 143, » 4, au lieu de *séreuse*, lisez *séveuse.*

4
5
Stigmate
Stile
5
ambryon
9
6
N.L. Rousseau Sculp.

Fig. 1.
stigmate
embryon
N.L. Rousseau Sculp